高等院校海洋科学专业规划教材

沉积岩石学与海相沉积实验

Experiments of Sedimentary Petrology and Marine Sedimentation

王梦媛　翟伟◎编

中山大学出版社
·广州·

版权所有　翻印必究

图书在版编目（CIP）数据

沉积岩石学与海相沉积实验／王梦媛，翟伟编. -- 广州：中山大学出版社，2024.12. -- （高等院校海洋科学专业规划教材）. -- ISBN 978-7-306-08359-3

Ⅰ. P588.2-33；P736.21-33

中国国家版本馆CIP数据核字第2024PK0732号

CHENJI YANSHIXUE YU HAIXIANG CHENJI SHIYAN

| 出 版 人：王天琪
| 策划编辑：李　文
| 责任编辑：李　文
| 封面设计：林绵华
| 责任校对：陈文杰
| 责任技编：靳晓虹
| 出版发行：中山大学出版社
| 电　　话：编辑部 020-84110283，84113349，84111997，84110779，84110776
| 发行部 020-84111998，84111981，84111160
| 地　　址：广州市新港西路135号
| 邮　　编：510275　传　真：020-84036565
| 网　　址：http://www.zsup.com.cn　E-mail: zdcbs@mail.sysu.edu.cn
| 印　刷　者：广州一龙印刷有限公司
| 规　　格：787mm×1092mm　1/16　6印张　110千字
| 版次印次：2024年12月第1版　2024年12月第1次印刷
| 定　　价：25.00元

如发现本书因印装质量影响阅读，请与出版社发行部联系调换

《高等院校海洋科学专业规划教材》
编审委员会

主　　任　　王东晓　李春荣　陈省平　赵　俊

委　　员　　（以姓氏笔画排序）

万志峰　王天霖　王东晓　王江海
卢建国　刘　岚　刘维亮　苏　明
李　雁　李春荣　李朝政　来志刚
吴玉萍　吴加学　吴景峰　邹世春
陈省平　陈保卫　邱春华　易梅生
罗一鸣　赵　俊　郭长军　胡　湛
贾坤同　龚　骏　龚文平　谢　伟
翟　伟

总　序

　　海洋与国家安全和权益维护、人类生存和可持续发展、全球气候变化、油气和某些金属矿产等战略性资源保障等休戚相关。贯彻落实"海洋强国"建设和"一带一路"倡议，不仅需要高端人才的持续汇集，实现关键技术的突破和超越，而且需要培养一大批了解海洋知识、掌握海洋科技、精通海洋事务的卓越拔尖人才。

　　海洋科学涉及领域极为宽广，几乎涵盖了传统所熟知的"陆地学科"。当前，海洋科学更加强调整体观、系统观的研究思路，从单一学科向多学科交叉融合的发展趋势十分明显。在海洋科学本科人才的培养中，如何处理"广博"与"专深"的关系，十分关键。基于此，我们本着"博学专长"的理念，按"243"思路来构建"学科大类→专业方向→综合提升"的专业课程体系。其中，学科大类板块设置基础和核心两类课程，以拓宽学生知识面，助其掌握海洋科学理论基础和核心知识；专业方向板块从本科第四学期开始，按海洋生物、海洋地质、物理海洋和海洋化学四个方向将学生"四选一"进行分流，以让学生掌握扎实的专业知识；综合提升板块设置选修课、实践课和毕业论文三个模块，以推动学生更自主、个性化、综合性的学习，养成专业素养。

　　相对于数学、物理学、化学、生物学、地质学等专业，海洋科学专业开设时间较短，教材积累相对欠缺，部分课程尚无正式教材，部分课程虽有教材但专业适用性不理想或知识内容较为陈旧。我们基于"243"课程体系，固化课程内容，建设海洋科学专业系列教材：一是引进、翻译和出版 *Descriptive Physical Oceanography*: *An Introduction*, 6ed（《物理海洋学·第6版》）、*Chemical Oceanography*, 4ed（《化学海洋学·第4版》）、*Biological Oceanography*, 2ed（《生物海洋学·第2版》）、*Introduction to Satellite Oceanography*（《卫星海洋学》）、*Coastal Storms*: *Processes and Impacts*（《海岸风暴：过程与作用》）、*Marine Ecotoxicology*（《海洋生态毒理学》）等原版教材；二是编著、出版《海洋植物学》《海洋仪器分析》《海岸动力地貌学》《海洋地图与测量学》《海洋环境化学》《海洋气象学》《海洋观测技术》《海洋油气地质学》等理论课教材；三是编著、出版《海洋沉积动力学实验》《海洋化学实验》《海洋动物学实验》《海洋生态学实验》《海洋微生物学实验》《海洋科学专业实习》《海洋科学综合实习》等实验教材或实习指导书，预计最终将出版40多部系列性教材。

教材建设是高校的基本建设，对于实现人才培养目标起着重要作用。在教育部、广东省和中山大学等教学质量工程项目的支持下，我们以教师为主体、以学生为中心，及时地把本学科发展的新成果引入教材，使教学内容更具针对性和适用性。谨此对所有参与系列教材建设的教师和学生表示感谢。

系列教材建设是一项长期持续的工作，我们致力于突出前沿性、科学性和适用性，并强调内容的衔接，以形成完整的知识体系。

因时间仓促，教材中难免有不足和疏漏之处，敬请不吝指正。

《高等院校海洋科学专业规划教材》编审委员会

目 录

实验 1　陆源碎屑岩（一）：石英砂岩 ·················· 1
　1.1　实验目的 ·· 3
　1.2　预习内容 ·· 3
　1.3　实验内容 ·· 3
　1.4　重点内容 ·· 4
　1.5　探索与思考 ······································ 8

实验 2　陆源碎屑岩（二）：长石砂岩 ·················· 9
　2.1　实验目的 ··· 10
　2.2　预习内容 ··· 10
　2.3　实验内容 ··· 11
　2.4　重点内容 ··· 11
　2.5　探索与思考 ····································· 14

实验 3　自生沉积岩：鲕粒灰岩 ······················· 15
　3.1　实验目的 ··· 18
　3.2　预习内容 ··· 18
　3.3　实验内容 ··· 18
　3.4　重点内容 ··· 18
　3.5　探索与思考 ····································· 20

实验 4　火山碎屑岩：凝灰岩 ························· 21
　4.1　实验目的 ··· 24
　4.2　预习内容 ··· 24
　4.3　实验内容 ··· 24
　4.4　重点内容 ··· 24
　4.5　探索与思考 ····································· 27

实验 5　海相沉积野外调研 ··· 29
　　5.1　理论基础 ·· 30
　　5.2　调研目的 ·· 31
　　5.3　预习内容 ·· 31
　　5.4　野外实习 ·· 31
　　5.5　探索与思考 ·· 33

实验 6　岩芯切割及岩性描述 ··· 35
　　6.1　理论基础 ·· 36
　　6.2　实验目的 ·· 37
　　6.3　预习内容 ·· 37
　　6.4　切割及描述 ·· 37
　　6.5　探索与思考 ·· 40

实验 7　粒度分析：筛分法 ·· 41
　　7.1　理论基础 ·· 42
　　7.2　实验目的 ·· 43
　　7.3　预习内容 ·· 43
　　7.4　沉积物粒度分析 ·· 43
　　7.5　探索与思考 ·· 48

实验 8　岩芯柱状图的绘制 ·· 49
　　8.1　理论基础 ·· 50
　　8.2　实验目的 ·· 51
　　8.3　预习内容 ·· 51
　　8.4　绘制柱状图 ·· 51
　　8.5　探索与思考 ·· 58

实验 9　海洋沉积综合报告 ·· 59
　　9.1　珠江口淇澳岛无障壁海岸沉积环境和粒度分析报告 ················· 60
　　9.2　珠江口淇澳岛砂质海滩粒度分析报告 ··· 70

参考文献 ·· 87

实验 1　陆源碎屑岩（一）：石英砂岩

碎屑含量大于50%且粒度在0.063～2 mm的陆源碎屑岩称为砂岩。砂岩是一种分布很广的岩石，在沉积岩中仅次于泥岩而居第二，约占沉积岩总量的三分之一。它是重要的油气储集岩类之一，也是地下淡水的巨大存储库，纯净的石英砂或石英砂岩还是廉价的玻璃工业原料。

砂岩由碎屑颗粒和填隙物组成。碎屑颗粒主要有长石、石英和岩屑，并且含有数量不等的片状矿物（白云母和黑云母）与重矿物。填隙物的成分按照成因分为基质和胶结物。基质主要由各种黏土矿物以及粒度小于0.03 mm的碎屑颗粒（如细小的石英、长石等）组成，胶结物则主要为碳酸盐矿物、次生加大石英以及铁质，偶尔也能见到磷质胶结物。砂岩的结构为典型的陆源碎屑结构，具有陆源碎屑结构的一切特征。由于砂岩是物理搬运和沉积作用的共同产物，因此各种层理和层面构造都比较发育。其中交错层理等流水成因的构造相比其他岩类更为发育。

砂岩多以较稳定的层状产出，砂体外形可呈丘垄状、席状、水道充填状和扇状等。砂岩的沉积构造非常丰富，特别是各种层理、波痕构造很常见。除了与石灰岩共生或过渡的砂岩中可含一些方解石质自生颗粒（主要是生物碎屑、内碎屑和鲕粒）以外，砂岩中的沉积组分主要是砂级陆源碎屑和基质。砂级陆源碎屑以单晶碎屑最常见，有些砂岩也可含相当多的岩屑。单晶碎屑主要是石英和长石，另有少量的云母和重矿物。岩屑通常是结构细腻致密的岩石，其中以成分稳定者多见，如酸性喷出岩、细至极细粒片岩、片麻岩等，有时也可出现中性甚至基性火山岩或火山凝灰岩、泥质岩等。岩屑中有些是以多晶石英形式出现的。砂岩中的基质以黏土为主，包括细粉砂级碎屑，称为泥基或杂基，某些与碳酸盐岩共生的砂岩也可以含有碳酸盐质的泥晶基质。当碳酸盐质自生颗粒或泥晶基质增加时，砂岩将向碳酸盐岩过渡。

砂岩的成岩以胶结作用为主，也有压实、压溶和溶蚀交代等作用，而重结晶一般只发生在胶结物中。典型常见胶结物有石英、方解石、赤铁矿、海绿石、石膏等，特殊条件下也可出现菱铁矿、绿泥石、重晶石、沸石等胶结物。由基质起胶结作用的砂岩也比较常见。

砂岩通常可保留原沉积物砂状结构的整体面貌和粒度、分选、磨圆等结构特征，但支撑类型可能会受到压实作用的影响。其分类方案主要可分为：按主要粒度划分、按基质含量划分、按砂粒成分划分和综合划分。

石英砂岩主要产于海相环境，是十分常见的岩石类型。石英砂岩约占砂岩总量的三分之一；时代分布很广，以前寒武纪和早古生代为主；经常与碳酸盐岩共生，主要产于构造条件相对稳定的地区；石英碎屑含量大于95%，主要为单晶石英，含少量燧石和长石，如果含有重矿物，主要为稳定性高、磨圆度好的锆石和电气石。石英碎屑一般为圆状-次圆状,分选好,以中细粒为主。胶结物一般为次生加大石英,有时为方解石、石膏和铁质;可见有海绿石自生矿物,一般很少或几乎没有基质。石英砂岩的产状一般为稳定层状,常见波痕和交错层理,有时具有缝合线等压溶构造,一般不含化石。我国华北震旦系地层和华南泥盆系地层中分布很广。许多沉积型铁矿常产在石英砂岩中,如北方的宣龙式铁矿、南方的宁乡式铁矿。

1.1 实验目的

掌握陆源碎屑岩中常见的岩石类型——石英砂岩的手标本和薄片鉴定方法,加深对理论课讲授的石英砂岩结构、矿物组成以及形成环境的理解掌握。

1.2 预习内容

(1)查阅论文和资料,了解岩石手标本和薄片观察描述的内容、步骤和方法。
(2)掌握石英砂岩的基本理论知识。

1.3 实验内容

(1)手标本:石英砂岩、含铁石英砂岩。
(2)薄片:石英砂岩。
要求通过详细的手标本结合显微镜下薄片观察,学习石英砂岩的结构特征、碎屑组成以及硅质、铁质、海绿石等胶结物和杂基的鉴别;掌握砂岩的单晶石英、单晶长石和岩屑(QFR)三端元成分分类方法(图1.1)和砂岩的综合分类命名方法,并写出鉴定报告。

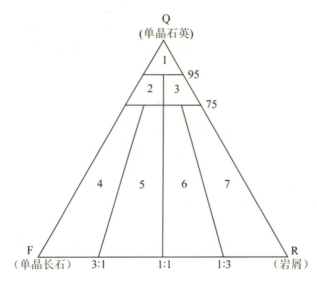

1 – 石英砂岩；2 – 长石石英砂岩；3 – 岩屑石英砂岩；4 – 长石砂岩；
5 – 岩屑长石砂岩；6 – 长石岩屑砂岩；7 – 岩屑砂岩

图 1.1　砂岩的 QFR 三端元成分分类

（据桑隆康，马昌前等，2012）

1.4　重点内容

1.4.1　手标本的鉴定

主要内容包括颜色、结构、碎屑成分和填隙物的成分。颜色主要与岩石的成分和形成环境密切相关，纯石英砂岩多呈灰白色，而铁质石英砂岩显示铁红色。结构的观察内容包括粒度、磨圆度、分选性、支撑类型和成熟度。石英砂岩中的碎屑颗粒以石英为主，其他碎屑成分含量很低时难以鉴别。砂岩中的石英呈具有一定磨圆度特征的颗粒状，具有油脂光泽；有铁质胶结物存在时石英表面有一层铁质薄膜而呈褐红色。砂岩的产状与构造特征也是重要的区别于火成岩与变质岩的鉴定特征。在野外，砂岩呈层状产出，具有特征的层理构造，这些特征需在野外露头上观察，手标本的鉴定不做具体要求。

1.4.2　薄片的鉴定

先用低倍物镜对整个薄片做全面的观察，再选择代表性的区域做详细的观察。重点内容包括碎屑颗粒的结构、成分、含量，化学胶结物的成分、结构、含量以及杂基的含量。碎屑颗粒的结构特征包括粒度、磨圆度、分选性、支撑类型和两个成熟度结构成熟度、成分成熟度。单偏光下适当调低亮度，很容易区分碎屑颗粒与填隙物。碎屑颗粒的粒度以测量统计其切面的最大视直径为准（表1.1）。石英砂岩的碎屑成分以单晶石英为主［图1.2（a），图1.2（b）］，长石、燧石岩屑和重矿物的含量很少，注意石英碎屑与岩屑的不同［图1.2（c），图1.2（d）］。石英砂岩的胶结物以硅质和铁质为主，注意观察石英颗粒的次生加大边结构，它与石英间碎屑的界线由杂质状尘点表现出来［图1.2（a），图1.2（b）］，观察时交替在单偏光镜和正交偏光镜下进行。部分薄片中也可以观察到少量的海绿石胶结物，其具有特征的绿色、黄绿色，细小的片状集合体常呈圆粒状。

表1.1 碎屑颗粒粒级划分

粒级划分		粒径划分标准 d/mm		$\phi\ (=-\log_2 d)$
		自然粒径	伍登–温特华斯粒级	
砾	漂砾	>1000		
	巨砾	100~250	>2^8	<−8
	粗砾	50~250	2^6~2^8	−8~−6
	中砾	10~50	2^2~2^6	−6~−2
	细砾	2~10	2^1~2^2	−2~−1
砂	极粗砂	1~2	2^0~2^1	−1~0
	粗砂	0.5~1	2^{-1}~2^0	0~1
	中砂	0.25~0.5	2^{-2}~2^{-1}	1~2
	细砂	0.25	2^{-3}~2^{-2}	2~3
	极细砂	0.05~0.1	2^{-4}~2^{-3}	3~4
粉砂	粗粉砂	0.03~0.05	2^{-5}~2^{-4}	4~5
	细粉砂	0.005~0.03	2^{-8}~2^{-5}	5~8
泥	泥	<0.005	<2^{-8}	>8

（a）正交偏光下石英颗粒的次生加大边结构

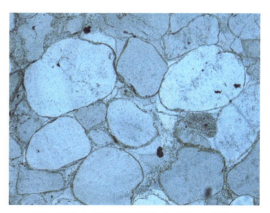

（b）单偏光下石英颗粒的次生加大边结构

(c) 正交偏光下石英砂岩中的岩屑颗粒　　　　(d) 单偏光下石英砂岩中的岩屑颗粒

图1.2　在显微镜下的石英砂岩照片

1.4.3　其他提示

用综合分类命名法，根据颜色+粒度+基本名称的方式命名薄片，这里不展开说明。

1.4.4　其他提示

1. 石英砂岩分类

大部分石英碎屑常磨得很圆，表面光泽暗淡呈雾状，大小均一，分选良好，缺少泥质。这些砂岩在成分和结构上的成熟度很高，表明它是接近理论上砂岩演化的终极产物。石英碎屑在许多方面是各不相同的，确定它们的这些特征，对于描述像石英砂岩这样的含其他矿物很少的岩石以及推断它们的可能来源都有一定帮助。几乎所有石英均含包裹体，因此，按照包裹体的种类和含量，可将石英颗粒大致区别：①规则包体。这种包体在一般情况下是可以辨认的。它们通常是长石、云母、磁铁矿、磷灰石、锆石等。②针状包体。当其为非常细长的柱状晶体时，矿物性质极难鉴定，但根据一般记载，可能是电气石、金红石、矽线石或蓝晶石。③液体和气体小球状包体。比较大的液体小球呈流动状态，在高倍镜下，根据其透明性质和很低的负突起可以识别。④不透明尘状包体。这种尘状包体可多到使原来透明的石英碎屑成为云雾状，直至完全变暗。

根据胶结物的成分，可将石英砂岩进一步分类和命名，如铁质石英砂岩、钙质石英砂岩和硅质石英砂岩等。根据胶结物性质可划分以下三种：①硅石质石英砂岩。简称石英砂岩，砂质胶结物常为蛋白石或玉髓。②石英岩状砂岩。大部分石英碎屑具次生加大现象。③沉积石英岩。几乎全部石英碎屑具次生加大现象。这种岩石具有能反射光线的、边缘尖锐的小晶面，因此，在阳光下有明亮的"闪光"。由于具有很强的凝聚性，当岩被打破碎时，断口会切穿颗粒，而不绕过颗粒。它在物理性质上的特点是坚硬、耐久，能抵抗侵蚀，在地貌上通常形成陡峭的高山峻岭，构成天然屏障。

2. 碎屑颗粒

（1）石英。三方晶系，柱状，常见于酸性火成岩和砂岩中。在单偏光镜下，无色、透明、轮廓糙面不显著、低正突起、无解理、有时有裂纹、表面光滑。在正交偏光镜下，干涉色为一级黄白，最高时可达一级淡黄，平行消光，波状消光。有气/液体或其他矿物的包裹体。

（2）长石。光性与石英很相似，三斜晶系、无色、透明、粒状、板状、有解理。干涉色一级灰白或一级黄白，斜消光，正长石具卡式双晶，斜长石具聚片双晶和卡纳复合双晶，微斜长石具格子双晶。长石易风化，正长石和微斜长石常风化成高岭土，使长石表面呈浅棕黄色、土状。一般情况下，微斜长石风化程度比正长石差。斜长石风化后易产生绢云母，其光性与白云母相似，只是呈极小的鳞片状。

（3）燧石岩岩屑。单偏光镜下表面光洁，正交偏光镜下具有小米粒结构或放射状结构。

（4）泥岩、页岩岩屑。单偏光镜下表面污浊，呈土褐色，常有黑色碳质混入物。正交偏光镜下可见鳞片状绢云母及黏土矿物组成，干涉色低。

（5）脉石英岩屑。偏光镜下无色透明，正交偏光镜下具齿状嵌晶结构。

3. 地貌景观

石英砂岩呈白色，砂质纯净，质坚而脆，垂直节理发育，风化后可呈灰白、褐黄、黄白色，岩层厚度大、产状平缓，节理裂隙扩展，可形成百米以上的柱峰。其峰林景观不同于丹霞景观，具有线条粗犷、层理清晰、棱角明显、节奏感强的特点。

如张家界的石英砂岩，这里的砂岩厚度大、岩层平缓，新构造上升强烈，水系沿节理及断层强烈下切，因此形成为方山（黄石寨、腰子寨等）和棋盘式沟谷（溪流几乎均呈直角转向）相互组合的高大砂岩峰林。另外砂岩中页岩夹层抗风化弱，在差异风化作用下，峰柱表面节节凹进，呈现出金鞭岩、定海神针、南天一柱等奇特景观。

4. 选矿工艺

对国内石英砂岩选矿工艺进行分析，石英砂岩的选矿提纯采用湿式棒磨与预先控制筛分形成回路、脱泥、中磁、分级等工艺流程，使含 Fe_2O_3 为

0.20%的原矿经过一次筛分后,变为Fe_2O_3含量为$0.09±0.005\%$的石英精砂。石英砂岩是一种含硅丰富、中等摩氏硬度、熔点高、高温下熔化形成玻璃态物质,具有透明度高的特点,被广泛地用于玻璃、陶瓷、冶金、铸造工业领域。随着玻璃、陶瓷、冶金、铸造工业的日益高档化,市场对石英砂岩的需求量越来越大。受资源限制及石英砂岩层普遍受次生节理裂隙铁质侵染,石英砂岩Fe_2O_3含量普通偏高,高质量的石英砂岩较少。

1.5 探索与思考

(1) 石英砂岩有哪些物理性质?与日常生活有什么联系?
(2) 哪些地质因素能使砂岩中的长石碎屑减少、石英碎屑增多?

实验2　陆源碎屑岩（二）：长石砂岩

长石砂岩一般为红色或者粉红色，有时因长石风化而呈浅灰色或者灰白色，也可呈现黄色或绿色。主要碎屑组成成分为石英和长石。其石英含量低于75%，长石的含量是岩屑的3倍。在石英中，多晶石英较为常见。长石主要为钾长石和微斜长石。磨圆度为次圆状–次棱角状，分选性中等–差，一般为中–粗粒。胶结物以方解石最为常见，其次是白云石、次生加大石英、次生加大长石和高岭石等。一般含有数量不等的黏土基质。长石砂岩有以下三种产状。

（1）构造长石砂岩。形成在构造活动比较强烈的地带，母岩是含长石丰富的花岗岩和花岗片麻岩，形成过程以物理风化为主，并且需要强烈的侵蚀和快速堆积条件。在这样的条件下，碎屑分选性和磨圆度都不好、稳定性较差的重矿物多，黏土基质含量也很高，甚至形成长石杂砂岩。

（2）气候长石砂岩。在比较稳定的构造条件和干燥寒冷的气候条件下形成，母岩要经过长期缓慢的侵蚀和长距离的搬运，长石能大量保存。其分选性和磨圆度都比较好，长石也比较新鲜，重矿物多且稳定性较高。

（3）基底长石砂岩。产生于花岗岩或花岗片麻岩的侵蚀面上，与下伏花岗质岩石呈渐变的过渡关系。例如，我国南方中泥盆系底部，下伏的花岗岩侵蚀面上有基底长石砂岩存在。特点是厚度不大，分选性很差，有时候还含有花岗岩砾石，外貌上与花岗岩也很难区别，靠近花岗岩基底更加如此。

长石砾石是接近源区的快速堆积产物，因为长石容易遭受风化作用，常常在山前或者山间盆地堆积而成长石砂岩。其往往形成于陆相沉积环境中，如冲积扇、河流、三角洲、湖泊等；海相沉积环境中很少见。

2.1 实验目的

掌握陆源碎屑岩中常见的岩石类型——长石砂岩的手标本和薄片鉴定方法，加深对理论课讲授的长石砂岩结构、碎屑颗粒以及填隙物的组成特征，通过结构成熟度和成分成熟度分析，掌握长石砂岩的形成条件。

2.2 预习内容

（1）查阅论文和资料，了解岩石手标本和薄片观察描述的内容、步骤和方法。

（2）掌握石英砂岩的基本理论知识。

2.3　实验内容

（1）手标本：长石杂砂岩。
（2）薄片：长石杂砂岩。

要求通过详细的手标本结合显微镜下薄片的观察，学习长石砂岩的结构特征、碎屑组成及杂基与胶结物的鉴别；掌握利用砂岩的 QFR（单晶石英、晶单长石和岩屑）三端元成分分类方法划分长石砂岩，进一步学习砂岩的综合分类命名方法，并提交鉴定报告。

2.4　重点内容

2.4.1　手标本的鉴定

主要内容包括颜色、结构、碎屑成分和填隙物的成分。长石砂岩的颜色变化较大，可呈红、黄绿、灰绿、灰等，主要与岩石的碎屑组成、填隙物的成分和形成环境密切相关。结构的观察内容与石英砂岩类似，包括粒度（表1.1）、磨圆度、分选性、支撑类型和成熟度。长石砂岩中的碎屑颗粒以石英和长石为主，注意两者的鉴定区别特征。沉积岩的产状和构造需要在野外露头上观察，手标本鉴定不做具体要求。

2.4.2　薄片的鉴定

先对整个薄片做全面的观察，再选择代表性的区域做详细的观察。重点包括碎屑颗粒的结构、成分和含量，杂基的特征与含量。碎屑颗粒的结构特征包括粒度、磨圆度、分选性、支撑类型和两个成熟度，其表现与典型的石英砂岩明显不同。显微镜下石英与长石的特征很容易区别［图2.1（a）］，但当长石颗粒表面泥岩化蚀变比较强时，其很容易与杂基相混淆，注意两者的区别。前者具有颗粒的形态，且隐隐约约保留长石的解理或双晶的残余。长石砂岩中岩屑的含量比石英砂岩高，同时含少量的云母碎屑，且杂基的含量明显比较高［图2.1（b）］，反映了其形成于气候干燥寒冷、构造活动强烈地区的快速隆升和快速沉积过程。

(a) 单偏光　　　　　　　　　　　　(b) 正交偏光

图 2.1　在显微镜下的长石杂砂岩照片

2.4.3　岩石的命名

用综合分类命名法，根据颜色＋粒度＋基本名称的方式命名薄片，这里不展开说明。

2.4.4　其他提示

1. 碎屑颗粒：指出占整个薄片的含量（显微镜下目测估计百分含量参照图）

（1）石英。三方晶系，柱状，常见于酸性火成岩和砂岩中。在单偏光镜下，无色，透明，轮廓、糙面不显著，低正突起，无解理，有时有裂纹，表面光滑。在正交偏光镜下，干涉色一级黄白，最高时可达一级淡黄，平行消光，波状消光。有气/液体或其他矿物的包裹体（很少见）。

（2）长石。光性与石英很相似，三斜晶系，无色，透明，粒状、板状，有解理。干涉色一级灰白或一级黄白，斜消光，正长石具卡式双晶，斜长石具聚片双晶和卡钠复合双晶，微斜长石具格子双晶。长石易风化，正长石和微斜长石常风化成高岭土，使长石表面呈浅棕黄色、土状。一般情况下，微斜长石风化程度比正长石差。斜长石风化后易产生绢云母，其光性与白云母相似，只是呈极小的鳞片状。

（3）白云母。单斜晶系，长条状、叶片状，常见于云英岩中。在单偏光镜下，无色，其垂直 {001} 解理的切面呈单向延长，{001} 解理缝细长密集；低中突起。在正交偏光镜下，呈平行消光、正延性，最高干涉色达Ⅱ级顶部。

(4) 黑云母。单斜晶系，板状、长条状，常见于花岗岩中。在单偏光镜下，其垂直 {001} 解理的切面呈单向延长，并可见 {001} 解理缝细长密集；该切面上有显著的多色性和吸收性：N_f = 浅黄色，N_s = 深绿色或深棕色。在正交偏光镜下，呈平行消光、正延性，最高干涉色达Ⅱ级顶部直至Ⅲ级顶部。

(5) 燧石岩岩屑。在单偏光镜下，表面光洁，在正交偏光镜下具小米粒结构或放射状结构。

(6) 细粒石英岩岩屑。在单偏光镜下，表面光洁，在正交偏光镜下，具有细粒结构。

(7) 千枚岩、片岩岩屑。褐色、灰色，可呈土状，有时有明显的突起。片理明显，石英、鳞片状绢云母、白云母、绿泥石、黑云母等变质矿物具定向排列。

(8) 泥岩、页岩岩屑。在单偏光镜下，表面污浊，成土褐色，常有黑色碳质混入物。在正交偏光镜下，可见鳞片状绢云母及黏土矿物组成，干涉色低。

(9) 脉石英岩屑。在单偏光镜下，无色透明，在正交偏光镜下，具齿状嵌晶结构。

2. 胶结物：指出占整个薄片的含量

主要胶结物：硅质（石英、玉髓、蛋白石），钙质（方解石、白云石），铁质（赤铁矿、褐铁矿）等。长石砂岩里主要为钙质胶结，有时有铁质胶结，硅质较少。胶结物的结构主要有非晶质及隐晶质结构、显晶粒状结构（粒状）、嵌晶结构（连晶结构）和自生加大结构。

3. 杂基：指出占整个薄片的含量

主要指泥质、细粉砂，也包括泥、粉晶碳酸盐矿物。在显微镜下呈点状隐晶质，由于经常被铁质浸染而带浅褐色。有时，黏土矿物后期重结晶，呈细小鳞片状或纤维状矿物。

4. 杂砂岩沉积环境

杂砂岩是指杂基含量超过 5% 的砂岩。虽然在岩石中见到的杂基可以有多种成因，但在通常情况下却很难确切鉴别，尤其难以将沉积的和成岩性的杂基区分开。有时候，在砂岩中，黏土矿物可垂直生长在砂粒表面呈栉壳状（这是化学沉淀的黏土胶结物的特点），也可以见到黏土矿物集合体大致呈长石碎屑的假象，但是，这些成岩性黏土的存在并不能证明该砂岩中的其他粒间黏土也具有成岩性。所以在实际工作中通常都将粒间黏土（或其中的大多数）看成是沉积的，特别是杂基支撑中的黏土肯定是沉积的。

杂砂岩的沉积环境比净砂岩复杂广泛得多，它除了可在河流、湖泊、潮坪等环境与净砂岩共生（互层或过渡）以外，还常常沉积在冲积扇、泛滥平原、海湖三角洲、河口湾大陆架和深海（湖）中，其中的杂基之所以能与较粗砂粒同时沉积，大多是搬运流速和沉积流速（无论是水流、密度流还是浊流）相差很大，而又未被充分淘洗的缘故。

根据砂岩中石英、长石、岩屑的相对含量，可以大致判断其形成的构造背景。

5. 沉积后作用

（1）压实作用。线接触和凹凸接触。

（2）压溶作用。缝合线接触。

（3）胶结作用。自生加大结构和显晶粒状结构。

（4）交代作用。二氧化硅与方解石的相互交代、碳酸盐矿物及黏土矿物等交代石英或长石、方解石交代黏土矿物、硫酸盐与碳酸盐的相互交代等。

（5）溶解作用。是指在埋藏成岩过程中，由于孔隙水中 pH 值、温度等因素变化而使不稳定组分发生溶解并形成孔隙的作用。

（6）溶蚀作用。它指的是溶解过程有选择性（不一致溶解），矿物中残留下来的未溶组分成分有所改变，并形成和被溶矿物化学组成相近的新矿物，如长石，在溶解过程中还发生高岭石化。

（7）重结晶作用。在转变过程中仅发生了晶体大小的变化，例如连生嵌晶结构，玉髓重结晶成石英等。

2.5 探索与思考

1. 杂基在偏光显微镜下如何鉴别？
2. 请比较长石砂岩和石英砂岩在结构和成分上的差异。
3. 如何根据长石砂岩的结构成熟度作成因分析？

实验 3　自生沉积岩：鲕粒灰岩

鲕粒灰岩是石灰岩中常见的岩石。几乎所有石灰岩都有区域性的稳定层状。湖相石灰岩规模一般不大且多夹在泥质岩或细碎屑岩之间，或在这类岩石中以条带状出现。岩石可为灰白、灰、灰黑或紫红等色，沉积构造类型不如砂岩或细碎屑岩丰富，除水平层理相对常见外，其他纹层状层理（如交错层理）较少见于颗粒性石灰岩中，在风暴岩或浊流岩等再沉积石灰岩中也有粒序层理出现，而更多见的只是块状层理。叠层构造和鸟眼构造可发育在特定石灰岩中。其他沉积构造有泥裂生痕、生物扰动、结核、缝合线等，特别是虫孔、生物扰动、硅质（石）结核和缝合线很常见。

许多石灰岩几乎由纯的方解石构成，其他成分的总含量常在5%以下，其中较为常见的是黏土矿物、石英粉砂、铁质微粒、海绿石、有机质等。在与砂岩过渡的石灰岩中可含陆源碎屑，白云石化也可使白云石含量增加。石灰岩的结构以泥晶结构和各种颗粒结构为主，在生物礁、生物丘和生物层中则为特殊的生物骨架结构、黏结结构或障积结构。不太强的白云石化或硅化也可使原结构叠加上交代结构。石灰岩的固结与陆源碎屑岩类似，也以压实和胶结为主。但溶蚀、交代和重结晶等作用则比陆源碎屑岩常见。

由于一般石灰岩几乎全由方解石构成，因此石灰岩鉴定的主要目的是揭示岩石的结构，包括颗粒类型、大小的均匀程度、泥晶基质、支撑特征及压实（压溶）、胶结、溶蚀、交代、重结晶等。石灰岩经常有白云石化现象（形成交代结构），但仅凭一般光性特点却很难将白云石与方解石区分开。为解决这一问题，现在石灰岩（和白云岩）的常规鉴定都使用染色薄片。最常用的染色剂是茜素红-S（它是磨片室或实验室的常备试剂），它可使方解石染成红色或紫红色，却对白云石（石英、石膏等）不起作用。这种差异染色效果可使很微弱的白云石化也变得清晰。在陆源碎屑岩研究中提到，这些岩石的沉积环境解释在很大程度上要依赖沉积并序的发育特点，这种情况在石灰岩中却常常要颠倒过来，即石灰岩沉积序列所代表的沉积环境常常要靠石灰岩沉积条件分析才能被确立。之所以会这样，主要是因为陆源碎屑岩受盆地边界条件（包括母岩、盆地所在构造部位等）影响很大，而具体的环境条件对岩石的影响往往只处于从属地位。石灰岩则不然，它并不与特定边界条件发生直接联系，而是由具体沉积环境"自生"出来的，只对环境条件的变化反应敏感。因此，在环境研究中，石灰岩就具有某种"先天"优势。

研究石灰岩的沉积环境除了可以凭借特殊沉积构造（如叠层构造、鸟眼构造、泥裂等）外，主要是围绕颗粒和泥晶进行的。岩石中泥晶的多少，或者颗粒和泥晶的含量之比（称粒基比，颗粒中不包括团粒、粉屑，但可包括陆源砂）是衡量环境水动力条件的首要指标，也就是说，即使岩石中的颗粒只有在高能条件下才能形成，或明显带有被高能条件改造过的痕迹（如破碎比较强的生屑），只要岩石还同时含有较多泥晶，该岩石就只能是较低能环境的沉积产物。相反，若岩石缺少泥晶，颗粒只被亮晶胶结，那么无论颗粒自身有何特点，都可将其看成是高能作用或较强淘洗作用的结果。环境能量主要取决于波浪和潮汐作用的强弱。有三类环境属于低能环境。一是水深过大的环境，主要是正常浪基面以下的陆架及陆坡、海盆内部等，这里海水常年安静，即使偶有风暴流或浊流活动，也因没有淘洗而成为泥晶的重要聚集地。在陆架区有沿岸流活动，但它通常也不能将泥晶完全清除。二是水深过浅的滨海环境。在海底坡度很平缓的滨海地带，波浪或潮汐因受底部摩擦，其作用强度会向着陆地方向减弱，所以这里的潮下带上部、潮间带和潮上带都是低能的（称潮坪环境），沉积或保留的泥晶也很多，还常有藻叠层发育。地质历史中的陆表海就基本可被看成一个深入大陆内部的广阔低能潮间带，只是在其向海边缘可出现高能。如果海底坡度变陡，浅水范围将随之缩小，低能区将向着陆地方向收缩而只包括潮间带上部到潮上带。在坡度更陡的极端情况下，除潮上带以外，低能区将消失。三是某些背风、低凹、潟湖或海水活动受到限制的部位，这些部位常常以某个高能环境作为自己的屏障或完全被高能环境所环绕，如礁后水下隆起（台地、滩坝等）的向陆一侧或环礁顶部的潟湖、台地内部的局部低地等。典型高能环境主要是开放水域中或向着开放水域的较浅水环境，如礁前或对称礁翼的浅部，台地、滩坝的顶部，滨海潮下带或还包括部分潮间带等。低能潮间带中的潮汐水道（成股潮水流动的通道）一般也是高能的。有一点要注意，正常浪基面的最大深度为几十米但并不是说浅于几十米的海水环境就是高能环境。实际上，在大多数时间内，浪基面的深度只有几米到十几米，所以真正的高能环境只在这个深度以内，即滨海潮下带，而超过这个深度的外海（即滨外）环境仍为低能。从总的情况看，海洋中的低能环境要比高能环境广泛得多，所以泥晶灰岩或含有泥晶的颗粒灰岩就比不含泥晶的颗粒灰岩常见。

鲕粒灰岩由鲕粒和填隙物构成。填隙物可以是灰泥基质或亮晶胶结物；按鲕粒类型不同可以进一步命名为正常鲕（同心鲕）灰岩、放射鲕灰岩、变晶鲕灰岩等。鲕粒分选较好，鲕粒灰岩中可以发育交错层理和波痕构造等。鲕粒灰岩一般形成于温暖的、中等能量的浅海环境，如台地边缘浅滩（鲕滩）、潮汐砂坝或潮汐三角洲等环境。

3.1 实验目的

学习掌握自生沉积岩类石灰岩中常见的鲕粒灰岩的手标本和薄片鉴定要点，加深对理论课讲授的石灰岩类岩石的结构、自生颗粒以及填隙物等组成特征的理解。

3.2 预习内容

（1）查阅论文和资料，了解岩石手标本和薄片观察描述的内容、步骤和方法。

（2）掌握鲕粒灰岩的基本理论知识。

3.3 实验内容

（1）手标本：泥晶灰岩、生物碎屑灰岩、鲕粒灰岩。

（2）薄片：鲕粒灰岩。

要求通过手标本结合在显微镜下薄片观察，学习鲕粒的类型、分布特征和含量，在显微镜下详细观察、描述鲕粒的内部结构，掌握石灰岩的矿物组成、结构特征以及胶结物的世代性划分和鉴别方法，提交详细的鉴定报告。

3.4 重点内容

3.4.1 手标本的鉴定

通过与泥晶灰岩和生物碎屑灰岩对比，在手标本上观察鲕粒灰岩中鲕粒的一般特征。鲕粒一般呈深色，为形同鱼子的细小颗粒，大小均匀，单个鲕粒大小通常在砂级以内，少数可小到粉砂级。有时大小不均匀，最大可达几毫米。另外注意观察鲕粒的分布特点，有时可以粗略看到破裂面上鲕粒内部的同心状结构。粒间填隙物通常是泥晶基质或亮晶胶结物，往往需在薄片中才能详细鉴定。

3.4.2 薄片的鉴定

先对整个薄片做全面的浏览，观察除鲕粒外是否还有其他生物碎屑和内碎屑颗粒等存在，估计颗粒的组成和含量。观察鲕粒大小、鲕心的成分、粒度以及包壳特征，确定鲕粒类型。注意真鲕和表鲕的相对丰度，仔细观察泥晶与亮晶胶结物的区别［图3.1（a）、（c）、（d）］，胶结物的世代性和结构。栉壳状胶结物垂直鲕粒表面生长，可填满狭窄的粒间空隙；第二世代的粒状方解石往往出现在较大粒间孔的中央部位，两世代间胶结物界线清晰［图3.1（c）、（d）］。另外，注意观察是否存在渗滤粉砂，其为上层沉积物中的难溶组分被渗透水带入粒间孔隙内聚集形成，成分主要为石英粉砂、黏土矿物以及生物碎屑等，渗滤粉砂通常不与鲕粒直接接触。当岩石重结晶作用比较强时，很难区分泥晶基质与胶结物，鲕粒重结晶后，形成多晶鲕和单晶鲕，使内部结构遭到完全破坏，但鲕粒的轮廓仍可分辨［图3.1（b）］。

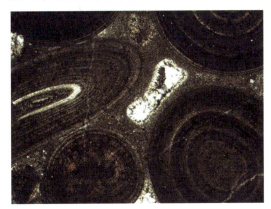
（a）正交偏光

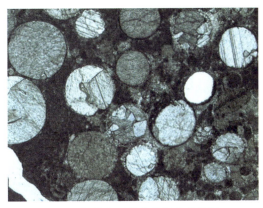
（b）单偏光下的多晶鲕和单晶鲕

（c）正交偏光

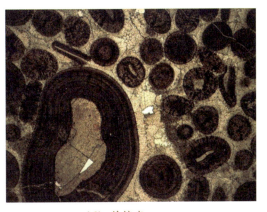
（d）单偏光

图3.1　在显微镜下的鲕粒灰岩照片

3.4.3 岩石的命名

用综合分类命名法，根据颜色+粒度+基本名称的方式命名薄片，这里不开展说明。

3.4.4 其他提示

（1）泥晶基质。又叫微晶基质、微晶杂基。其存在方式和成因与碎屑岩中的杂基相当，但它不是陆源的，而是盆内形成的灰泥（细小碎屑），主要以填隙物的形式充填在孔隙中，或形成灰泥支撑的基底式胶结，也可以是单一灰泥成分的碳酸盐沉积，呈均一的泥晶（泥屑）或微晶（微屑）结构。泥晶按其成分可分为灰泥和云泥两种。在显微镜下，其特点是半透明、浅褐色、质点细小。

（2）亮晶胶结物。亮晶是充填于石灰岩原始粒间孔隙中的化学沉淀物质，对碳酸盐颗粒起胶结作用，相当于碎屑岩中的化学胶结物，常为方解石、白云石，少数由硅质胶结物或其他化学沉淀的碳酸盐矿物组成。绝大多数亮晶胶结物是由干净和较粗大的方解石晶体组成，晶体常大于 0.01 mm。晶体干净，透明度好。晶体界线多平直，与颗粒边界线清楚。具有多世代性。在显微镜下呈白色、透明状。

3.5 探索与思考

（1）为什么在鲕粒灰岩中，鲕粒核心大小可以不同，但鲕粒大小却是均匀的？

（2）一般来说，生物碎屑灰岩和鲕粒灰岩包含的环境信息要比内碎屑灰岩更加丰富，阐述其理由。

（3）鲕粒灰岩中的鲕粒大小相差很大，从鲕粒的无机成因和成鲕环境与沉积环境间的关系分析造成这种现象的各种可能原因。

（4）某鲕粒颗粒灰岩不含其他颗粒，所含鲕粒大小和分布都很均匀，鲕粒全是石英碎屑；如果鲕粒形成后就地沉积，由此可对该沉积环境的演化做出怎样的判断和解释？

实验4　火山碎屑岩：凝灰岩

依据物源的不同,可将火山碎屑划分为浆源、同源和异源三种类型。浆源来源于本身的岩浆和其中的结晶物质;同源来自先期喷发并已固结的同源火山岩;异源则来自火山之下不同深度和不同岩性的基底岩石,其中来自下地壳或上地幔的碎屑又称为深源碎屑,在研究岩浆的物质来源和岩石圈结构上具有重要意义。

从物理性质来看,可将火山爆发产生的火山碎屑物分为刚性、半塑性和塑性三种,从物态上可分为岩屑(岩石碎屑)、晶屑(晶体碎屑)和玻屑(火山玻璃碎屑)三种类型。岩屑、晶屑、玻屑构成了火山碎屑岩的主体,因此,三种碎屑的相对多少在一定程度上反映了火山爆发的强度,常常被用做火山碎屑岩分类命名的主要依据,习惯上将它们统称为"三屑"。岩屑既可以是喷出时已经完全凝固的刚性(不可塑)固态物质,也可以是尚未完全固结、仍为可塑的半凝固或未凝固状态的物质。刚性岩屑多为火山通道周围的岩石和先期固结的火山岩经炸碎而形成的,多呈棱角状,在搬运和堆积成岩过程中一般不再发生形态变化,称为刚性岩屑;塑性岩屑为在喷出时尚未固结或未完全固结的岩浆团块,在空中飞行时可因旋转和碰撞产生出不同形状,降落堆积时又会被压扁而形成各种不同的形态,如撕裂状、火焰状、透镜状等,称为塑性(变)岩屑。因基本固结或完全固结不再发生明显的形态变化而形成纺锤形、梨形、面包形等具一定形态的火山弹,称为半塑性(变)岩屑。塑性岩屑粒度一般大于 2 mm,内部常见斑晶,可具有气孔、杏仁和流纹构造,在正交偏光镜下可见梳状边、球粒、镶嵌等脱玻结构。玻屑是气泡化的岩浆气孔壁爆碎的产物。由于这些物质在喷发时一般尚未完全凝固,故有半塑(变)性和塑(变)性玻屑之分。半塑性玻屑一般简称玻屑,基本保存了爆破后的气孔壁的原始形态,如弧面状、镰刀状、鸡骨状等。塑(变)性玻屑在堆积时仍为可塑状态,可发生棱角圆化、压扁拉长、平行定向等形态和排列方式上的变化。塑(变)性玻屑与塑(变)性岩屑的区别是,前者粒度一般小于 2 mm,没有斑晶,通常不见气孔、杏仁体内部一般不见球粒和镶嵌结构。塑性和半塑性的岩屑以及玻屑多半是浆源的,它们出现从可塑性向刚性转变的温度为 500~550 ℃。堆积后的浆源岩屑和玻屑的温度如果大于该温度,就会继续因负荷压力产生塑性变形。火山碎屑岩中塑性岩屑和塑性玻屑含量,主要取决于堆积时的温度,而温度的高低又与距火山口的距离和火山碎屑的搬运和堆积方式有关。一般来说,近火山口处快速堆积的火山碎盾岩中,因堆积前未经充分冷却,常以塑性岩屑和塑性玻屑为主,反之则以刚性-半塑性者为主。晶屑是矿物晶体的碎屑,大多数来源于岩浆中析出的晶体,也有来源于早期结晶形成的粒度较大的岩石。由于爆发式喷发主要发生于黏度较大的酸性岩浆中，因此最常见的晶屑是石英、钾长石和酸性斜长石，其次是黑云母、角闪石，而辉石和橄榄石罕见。晶屑外形不规则，常呈棱角状，内部裂纹发育，柔性较大的黑云母晶屑，可出现扭折、弯曲现象。浆源晶屑的矿物组合与火山熔岩中的斑晶一样，是判断岩浆成分的重要依据。区分晶屑是否为浆源的依据包括：晶屑的结晶形态、新鲜程度、光学性质（是否为高温类型）及与火山碎屑岩化学成分是否协调等。浆源晶屑应为高温晶形，长石类晶屑应为有序度较低的透长石或高温斜长石。与异源晶屑相比，浆源晶屑一般较新鲜，且与岩石的化学成分是协调的。相反，异源晶屑常具有较强的蚀变，矿物的种类与岩石的化学成分也不协调。

凝灰岩为最常见的一种火山碎屑岩。凝灰结构，碎屑主要为小于 2 mm 的玻屑、晶屑和岩屑及火山尘，胶结物为火山尘和水化学分解物。一般碎屑物的分选很差，层理不明显，但有时也有较发育的层理，此时可称层状凝灰岩。根据火山碎屑的类型，将凝灰岩进一步划分为三个种属：晶屑凝灰岩、岩屑凝灰岩和玻屑凝灰岩。一般凝灰岩很少只含一种火山碎屑物，因此进一步命名时要根据岩石中的次要碎屑物，按少前多后原则排列命名，如晶屑玻屑凝灰岩，表示玻屑含量占火山碎屑物总量的 50% 以上，并含有一定量的晶屑。当岩石中碎屑物含量相近，可称为多屑凝灰岩。一般认为凝灰岩的碎屑组分与岩性有关。玻屑凝灰岩中流纹质和英安质居多，岩屑凝灰岩以安山质和玄武质为主，晶屑凝灰岩中流纹质至玄武质均可出现。

玻屑凝灰岩以玻屑和火山尘为主，含少量晶屑和岩屑。玻屑和火山尘很易发生脱玻化形成隐晶质或霏细质结构和梳状结构。晶屑凝灰岩以晶屑和火山尘为主，其次为玻屑和岩屑。晶屑多由斑晶破碎而来，根据晶屑的矿物组合可确定其岩性，如晶屑以石英和长石为主时，可定为流纹质晶屑凝灰岩，若主要为斜长石和暗化角闪石晶屑时，可定为安山质晶屑凝灰岩。岩屑凝灰岩以岩屑和火山尘为主要组分，含有一定量的玻屑和晶屑。岩屑成分较复杂，主要是岩颈、火山基底及火山通道围岩的碎屑。岩屑凝灰岩分布较广，有时同集块岩和火山角砾岩共生，构成火山口附近的爆发相或喷发沉积相。

4.1 实验目的

学习掌握火山碎屑岩中常见的岩石类型凝灰岩的手标本和薄片鉴定方法，加深对理论课讲授的火山碎屑中晶屑、岩屑和玻屑特征的认识，熟悉火山碎屑结构的粒度划分标准（表4.1），掌握火山碎屑岩的分类命名原则和鉴定报告的编写。

表 4.1 火山碎屑的粒度划分标准（据孙善平等，1987）

碎屑类型	自然粒度/mm	结构类型
集块	> 50	集块结构
火山角砾	2~50	火山角砾结构
火山灰	0.05~2	凝灰结构
火山尘	< 0.05	尘屑结构

4.2 预习内容

（1）查阅论文和资料，了解岩石手标本和薄片观察描述的内容、步骤和方法。

（2）掌握凝灰岩的基本理论知识。

4.3 实验内容

（1）手标本：晶屑凝灰岩，熔结凝灰岩。

（2）薄片：晶屑凝灰岩。

要求通过详细的手标本结合显微镜下薄片观察，学习凝灰岩的结构特征、碎屑颗粒的组成及成岩作用的方式；掌握晶屑、岩屑、玻屑的鉴定特征，进一步学习火山凝灰岩的分类命名方法，并提交鉴定报告。

4.4 重点内容

4.4.1 手标本的鉴定

主要内容包括颜色、结构、碎屑成分。火山凝灰岩中的碎屑颗粒的特征明显不同于陆源碎屑岩。部分标本中含有一定量的火山角砾，注意石英、长石等矿物组成的晶屑在火山碎屑岩中具有熔蚀、碎裂等特征，其特征与岩屑的很容易区分，但标本鉴定岩屑的成分比较难，暗色矿物晶屑往往会发生次生蚀变。火山碎屑岩的产状和构造需要在野外露头上观察，手标本鉴定不做具体要求。

4.4.2　薄片的鉴定

显微镜下注意区别晶屑、岩屑、玻屑三者的鉴定特征［图4.1（a）、(b)］。特别是玻屑，其粒度较小，形状极不规则，部分薄片中可以看到塑性玻屑变形形成的弱熔结凝灰结构［图4.1（a）］，玻屑往往会发生重结晶作用。岩屑是先已固结的火山岩或火山颈围岩被炸碎后形成的，可能是沉积岩，也可能是火成岩或变质岩，一般为棱角状，部分为异源物质，对火山岩的成分鉴定意义不大；大部分岩碎为同源火山岩形成，注意仔细观察鉴定其岩性，其对于火山碎屑岩的化学成分的鉴定有重要意义。

（a）单偏光下　　　　　　　　　　（b）正交偏光

图4.1　晶屑凝灰岩

4.4.3　岩石的命名

可以参考"三屑（晶屑、玻屑和岩屑）"命名图来命名（图4.2）。

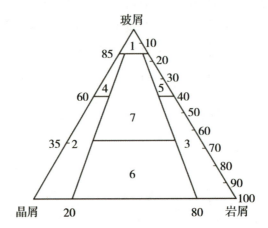

图 4.2　凝灰岩中的"三屑"命名图（据孙善平，1984）

4.4.4　其他提示

1. 岩屑

（1）燧石岩岩屑。在单偏光显微镜下，表面光洁，在正交偏光显微镜下，具有小米粒结构或放射状结构。

（2）细粒石英岩岩屑。在单偏光显微镜下，表面光洁，在正交偏光显微镜光下，具有细粒结构。

（3）千枚岩、片岩岩屑。褐色、灰色，可呈土状，有时有明显的突起。片理明显，石英、鳞片状绢云母、白云母、绿泥石、黑云母等变质矿物具有定向排列。

（4）泥岩、页岩岩屑。单偏光下表面污浊，成土褐色，常有黑色碳质混入物。在正交偏光显微镜下，可见鳞片状绢云母及黏土矿物组成，干涉色低。

（5）脉石英岩屑。在单偏光显微镜下，无色透明，在正交偏光显微镜下，具有齿状嵌晶结构。

2. 晶屑

（1）石英。三方晶系，柱状，常见于酸性火成岩和砂岩中。在单偏光镜下，无色，透明，轮廓、糙面不显著，低正突起，无解理，有时有裂纹，表面光滑。在正交偏光镜下，干涉色一级黄白，最高时可达一级淡黄，平行消光，波状消光。气液体或其他矿物的包裹体。

（2）长石。光性与石英很相似，三斜晶系、无色、透明、粒状、板状，有解理。干涉色一级灰白或一级黄白，斜消光，正长石的卡式双晶，斜长石的聚片双晶和卡纳复合双晶，微斜长石的格子双晶。长石易风化，正长石和微斜长石常风化呈高岭土，使长石表面呈浅棕黄色、土状。一般情况下，微斜长石风化程度比正长石差。斜长石风化后易产生绢云母，其光性与白云母相似，只是呈极小的鳞片状。

4.5 探索与思考

（1）火山碎屑岩的"三屑"指什么？如何区分？
（2）怎么样区分熔结凝灰岩和非熔结凝灰岩？

实验 5　海相沉积野外调研

海洋的总面积约 $3.6 \times 10^8 \text{ km}^2$，占地球总面积的 70.8%；海水的总体积约 $13.7 \times 10^8 \text{ km}^3$，占地球总水量的 97%；海洋最深可达 11034 m。海洋与之前学习到的大陆环境有着明显的不同，从其物理、化学、生物、地貌特征能够体会到其独特之处。海洋是沉积的重要场所，由于不同于大陆环境，其沉积物的特征也与陆源有明显区别。接下来我们就走进对海相沉积的实践学习，深入体会海相沉积物的特点。

5.1 理论基础

5.1.1 沉积相的基本概念

"沉积相（sedimentary facies）"是沉积学中的一个基本概念，沉积相是沉积岩（物）的生成环境、生成条件及在该环境、条件中形成的沉积岩（物）特征的总和，包含沉积环境和沉积岩特征两方面的内容。沉积环境和沉积特征密不可分：沉积环境是形成沉积特征的决定因素，沉积特征则是沉积环境的物质表现；沉积环境是沉积特征形成的原因，沉积特征是沉积环境发展变化的产物和结果。

与沉积相类似的概念，还有岩相、生物相等。其中岩相是指在一定的沉积环境中形成的岩石或者岩石组合，是沉积相的主要组成部分。

5.1.2 沉积相的分类

沉积相的分类通常按照自然的地理环境、地貌特征及沉积物的特征综合来划分。一级相分为 3 个相组，分别是陆相组、海相组和海陆过渡相组。进而根据次级环境及沉积特征继续划分二级相、沉积亚相和微相。如陆相主要有冲积扇相、河流相、湖泊相、砂漠相、冰川相、残积相；海相组主要有滨-浅海相、浅海陆坡相、半深海-深海相；海陆过渡相组主要有三角洲相、河口湾相。对于潟湖、潮坪相、无障壁海岸相等，有人划分至海陆过渡相组，也有人划分至海相组，需要考虑其碎屑沉积来源和水动力条件来区别。

5.1.3 滨岸相-无障壁海岸相的亚相类型和沉积特征

海洋的沉积环境复杂特殊，其温度、盐度、pH、压力等受环流、地形、纬度、深度等影响，水动力如潮汐、波浪、海流控制着沉积物的分布和沉积。

无障壁海岸相与大洋的连通性较好，水体可以充分交换和流通。根据不同的地貌特点、水动力条件、沉积物特征，进一步划分为海岸砂丘、前滨、后滨、近滨四个亚相。主要根据潮间带的低、高潮线与浪基面来划分。

由于受到波浪和沿岸流的作用，滨岸环境的水动力复杂且强烈，波浪是控制海岸水动力条件的主要因素，其沿岸流冲刷着海岸和沉积物，使得海岸形成了独特的沉积环境。因此，在向陆一侧的沉积环境是高能量的，沉积物分选和磨圆好、成分及结构成熟度较高，沉积物类型多样，各种层理及层面构造也很发育，标志性特征清晰。滨岸环境水浅、阳光充足、氧气充分，从而生物多样性高。海岸带沉积主要是砂质成分，含有生物介壳，发育各种层理。

5.2 调研目的

（1）野外实地调研无障壁海岸相，观察其沉积特征。
（2）通过实地考察对沉积相的概念产生形象认识。
（3）采集沉积物粒度分析实验材料，为后续实验课做准备。

5.3 预习内容

（1）掌握海相沉积的基本概念。
（2）了解野外实习的工作方法和注意事项。

5.4 野外实习

5.4.1 实习地点

珠海市淇澳岛天然砂滩，无障壁海岸相沉积环境。

5.4.2 行程安排

实习前准备：在指导教师开展野外调研动员会后，全体成员分组，3～4人一组，每组设组长一人。以小组为单位领取全部实验工具。以小组为单位准备考察地潮汐表。每小组出行前进行分工：采样、记录、拍照、描述等分工应明确。

全体成员于实验室领取工具后,集体乘车前往实习地点。

在调研地点,首先由指导教师讲解环境概况。全体成员分组对实地沉积环境进行描述并记录。利用工具采集不同离岸距离沉积物1组2个点位样品,另采集剖面不同深度沉积物一组两个点位样品。将2组4个样品封存至样品袋,并标记编号、采样时间、采样位置及采样人信息等。对采样点沉积物进行野外描述并记录(图5.1),利用沉积物粒径标尺判断沉积物粒径大小并记录,绘制调研区海岸沉积环境整体素描图。调研结束后统一返回学校,整理归置工具及妥善存放样品。

考察点海滩沉积环境素描

(采样点点位 A – D)

采样点沉积物描述:

A 沉积环境:

　沉积物特征:

B 沉积环境:

　沉积物特征:

C 沉积环境:

　沉积物特征:

D 沉积环境:

　沉积物特征:

　　　　　　　　　　　　　　　　　小组成员:

图5.1　实验记录样式

5.4.3　实习工具

以小组为单位，每组配备铁锹 1 把、油性笔 2 只、小铁铲、手套、水鞋、救生衣每人 1 份。样品袋、标签纸每组各 6 个。另配指导教师及助教以上工具各 1 套。

沉积物粒径标尺，为野外肉眼判断沉积物粒径常用工具。

5.4.4　采集沉积物样品

两组沉积物样品分别为海滩沿海岸纵切向表层沉积物及垂向沉积物。纵剖面方向沉积物分别采集于海滩最高点位及海水覆盖临界点点位。垂向沉积物采集前，需以小组为单位挖一个边长约 1 m、深约 2 m 的正方体的砂坑。垂向沉积物分别于向下纵深 20 cm 处及坑底获取。各小组将 2 组 4 个点位的样品完好带回实验室，待进一步分析处理。

5.4.5　注意事项

（1）指导教师及助教携带野外急救包 1 份，相机 1 部。
（2）每组自行准备野外记录本。
（3）野外调研期间，全体成员需以安全为主，不做与调研内容无关的其他活动，不得擅自离开。
（4）各位同学自行准备野外调研着装安排，以运动鞋及宽松运动衣为主，可携带防晒外套及帽子。
（5）组长对组内成员做不定期检查，清点人数，保证组员在队。
（6）所有成员有任何特殊事宜必须及时向指导教师报告。

5.5　探索与思考

（1）总结野外实习的流程和注意事项。
（2）从这次实习中，你学到了什么？

实验6　岩芯切割及岩性描述

样品是极其珍贵且不易得到的，我们要规划好对样品的进一步分析和实验。当我们从野外实践中采回沉积样品后，需要对其进行岩性描述、分辨岩性特征；做岩芯切割以便进一步实验和分析。

6.1　理论基础

6.1.1　沉积相模式

对一个特定沉积环境中的沉积作用及其产物的全面高度概括，具有代表性的模型。相模式可以有不同的表示方式，如理想的垂向相序、立体图解或者数学方程等。这些相模式是我们认识复杂的自然现象和作用过程的简化形式。

沉积相模式一般以相序递变规律为基础，在大量的研究实例中，对沉积相的发育和演化加以高度概括，从而归纳出具有高度概括意义的沉积相的空间组合，如三角洲相、冲积扇相等。

6.1.2　沉积环境岩性特征

岩性特征是指反映岩石特征的一些属性，例如，组成成分、颜色、结构、构造、胶结物、胶结类型、矿物组成等。在不同的沉积环境中，其形成的沉积岩的岩性特征是不尽相同的。

海相沉积是指海洋环境下，经海洋动力过程产生的一系列沉积，是能够反映海洋环境的一系列岩性特征和生物特征。其特点是颗粒较细，分选较好，且在海水温度比大陆温度低而变化小的环境下沉积。沉积物的成分通常较单一、层位稳定、深海中沉积速率较高、沉积较为连续。常见的沉积物有碎屑岩、黏土岩、铁质岩、锰质岩、硅质岩及碳酸盐岩等；常见的海相动物化石有海绵、珊瑚、有孔虫、腕足类、棘皮类等。

6.1.3　岩芯描述

岩芯描述是指观察描述岩芯的岩性、矿物成分、结构组分、生物化石、沉积构造、产状、孔隙裂缝、各种次生变化、油气水外渗和含油气特征，以及画素描述图等方面的工作。

6.2　实验目的

（1）通过沉积物岩芯柱，了解海洋沉积物特征。
（2）通过对岩芯的观察研究，了解海相沉积环境的岩性特征。
（3）对岩芯柱进行岩性描述，认识特定沉积相模式下的沉积物组成特征。

6.3　预习内容

（1）熟悉岩芯描述的方法、岩芯的特征。
（2）熟悉海相沉积岩的一般岩性特点。

6.4　切割及描述

6.4.1　岩芯切割

（1）预习岩性和岩相特征，认识岩芯取心率的概念，了解岩芯编号的意义及岩芯长度标记的规则。
（2）利用岩芯切割机，沿纵向中线对岩芯进行对半切割。
（3）将切割后的岩芯进行编号及顶底标记，对岩芯进行拍照后待岩性描述。

6.4.2　岩性描述

（1）工具准备。记录本、签字笔、尺子、放大镜、小刀、样品袋、标签纸、照相机。
（2）环境条件。岩芯摆放位置需光线充足，且按顺序摆放，并有顶底标注。
（3）岩芯状态。检查岩芯顺序、编号、长度标记是否正确。确认尺子摆放准确合理。
（4）描述。对岩芯的岩石学特征进行详细描述，如颜色、岩性、结构、构造等。对相序及接触关系进行描述。对岩芯进行详细拍照及摄像。必要时，进行岩芯素描图绘制。

描述原则遵循从下至上的顺序，即为由老至新的顺序。首先，对岩芯进行分段描述，即粗略的分段特征。其次，对各段进行详细重点描述，对特殊现象进行拍照及初步分析，如大贝壳及大块砾石，需将其取出拍照、描述后放回原位。

6.4.3 岩芯描述记录样式

岩芯描述记录

描述人：　　　长度：　　　日期：

深度	岩芯编号	取样位置	照相位置	颗粒粒径	相序	岩性	化石	颜色	结构	构造	沉积环境	生物化石

6.4.4 描述规范参考

（1）颜色。岩芯描述中，颜色是最重要的描述内容之一，它与颗粒成分、胶结物等有关。通常利用标准颜色进行对照，统一规范颜色描述划分标准。

（2）结构及构造。方法同陆源碎屑岩的描述。构造方面，重点注意观察岩性突变界面，判断是否存在因钻取方式引起的杂质沉积物混入。

（3）生物化石。海相沉积物岩芯多见贝壳化石，有时完整，有时呈破碎状。注意对生物化石进行颜色、大小、形态、数量、产状等详细信息的描述。对其进行拍照，并照片进行编号记录。必要时，现场对生物化石进行鉴定，并登记种属信息。

（4）相序。描述岩芯的正、反、复合相序。正相序为由粗变细，自下而上逐渐变细的序列。反相序为由细变粗，自下而上逐渐变粗的序列。复合相序则为由细变粗在变细的复合情况。

（5）颗粒粒径。沉积物颗粒粒径的描述，参照沉积物粒径比照卡完成，注意描述的标准规范。

6.4.5 岩芯切割机简介

在对岩芯样品进行分析时，岩芯的切割是一个重要的程序，剖开岩芯的质量好坏会直接影响到进一步的分析,如岩芯表面成像以及其他需要在岩芯表面进行的测量等。图示岩芯切割系统具备可调整高度和宽度的轨道,适用岩芯直径范围 50～150 mm。岩芯切割机如图 6.1 所示。

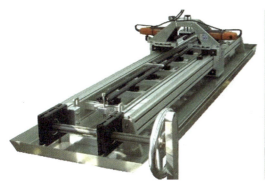

图 6.1 岩芯切割机

(引自品牌切割机简介图)

岩芯切割机系统主要包含以下三个部分:
(1) 可调节式框架结构及导轨。
(2) 移动式刀架:安装有切割刀盘、切割刀片及切割金属丝。
(3) 驱动装置:用于移动刀架沿着岩芯方向移动。

图示岩芯切割机可以对最大长度为 155 cm 的岩芯进行切割,系统装备有 2 台震动式切割刀盘和 2 个钩型切割刀片,可以对沉积物岩芯的套管进行平滑的切割。对于最大厚度 3 mm 的软质材料的套管,不必使用震动切割刀具,只需要使用钩型刀片就可以完成切割。对于更厚的套管,先使用两个震动式切割刀盘,再使用钩形刀片来完成切割。切割机移动刀架如图 6.2 所示。岩芯自身的切割就需要用到安装在刀片后面的专用切割金属丝来完成。

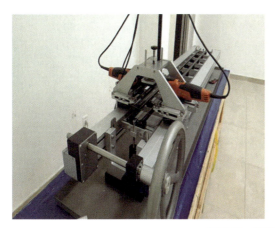
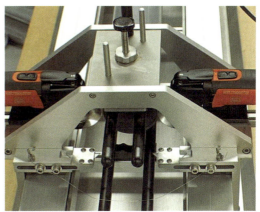

图 6.2 切割机移动刀架

在进行岩芯切割时，需将手动摇柄安装到驱动装置上，通过手摇来驱动刀架沿着岩芯方向移动，进行切割操作。采用手动控制的好处是：当岩芯内部有不明障碍物（如结石、石子、贝壳、木头等）时，操作者可以明显地感觉到其存在，然后停止操作，防止拖拽岩芯，破坏岩芯内部及外部形态和结构。操作切割机如图6.3所示。

图6.3　操作切割机
（引自品牌切割机简介图）

6.5　探索与思考

岩性描述需要描述哪些特征？如何区分这些特征？

实验 7　粒度分析：筛分法

粒度分析的目的是研究沉积物的原始沉积组分的粒度分布。原始沉积组分的粒度分布特征既可作为判别沉积环境以及水动力条件的辅助标志，又与碎屑岩的储油物性密切相关。因此粒度分析是碎屑岩研究的一个重要方面。

7.1 理论基础

7.1.1 滨岸沉积 – 无障壁海岸相

对于滨岸沉积 – 无障壁海岸相而言，波浪作用对碎屑物质的搬运方式和粒度分布起着较明显的控制作用。高能环境的砂质类型较多，其下细分为四个亚相。

（1）海岸砂丘亚相。位于潮上带的向陆一侧。其沉积物的圆度和分选好，细 – 中粒，成熟度好，重矿物富集。常具有大型的槽状交错层理，细层倾角陡。

（2）后滨亚相。位于海岸砂丘与平均高潮线之间，属于潮上带。其沉积物为较粗的砂，粒度较砂丘带粗，圆度分选较好。具平行层理，可见小型交错层理。

（3）前滨亚相。位于平均高潮线与平均低潮线之间的潮间带，地形比较平坦。其沉积物以中砂为主，分选较好，发育低角度相交的交错层理。

（4）近滨亚相。位于平均低潮线至波基面之间的潮下带。上部发育砂质沉积物，并有较大的交错层理。愈向海层理愈浅。

除了砂质高能的滨岸相，还有部分低能海岸相，是以潮流作用为主的，为粉砂淤泥质海岸。海岸坡面平缓，具有较宽阔的潮间带。

7.1.2 沉积物粒度

粒度指颗粒在空间范围所占据大小的线性尺度。海洋沉积物在沉积过程中，受到来源、迁移过程及沉积环境等因素的影响，不同海域的沉积碎屑形态及其颗粒大小存在差异。当不同粒径的碎屑物进入海洋后，在不同水动力条件、海底地形等因素的联合影响下，出现颗粒粗、比重大的碎屑先沉积，颗粒细、比重轻的碎屑后沉积。因此，近岸的海洋沉积物粒度通常较大，深海远洋沉积物的粒度较小较细。

因此，当我们获取沉积物后，会对其粒度大小进行区分。粒度等级由大到小分为：巨砾、粗砾、中砾、细砾、粗砂、中砂、细砂、极细砂、粗粉砂、细粉砂、泥。

粒度分析方法的选择因碎屑颗粒的大小和岩石致密程度而异。对砾石可以直接测量其线性值，也可以用量筒测其体积；对砂或疏松的砂岩多采用筛析法；对粉砂和黏土可用沉速法分析或激光粒度分析法；对固结紧密无法松解的岩石可采用薄片统计分析，或图象粒度分析仪分析。

无论对何种样品、采用何种方法进行粒度分析，都能获得不同粒径区间碎屑颗粒所占百分比。经粒度分析后，能够分别得到各粒径区间颗粒所占重量百分比及累积重量百分比。

基于上述得到的粒度数据，能够绘制出更直观的图以便进一步观察粒度分布特征并做出分析，如直方图（histogram）、频率曲线（frequency curve）、累积曲线（cumulative curve）、概率值累积曲线（probability cumulative curve）、C-M图等。绘制时需要计算一些粒度参数，粒度参数主要有粒度中值、分选、平均粒径、偏度和峰度等。不同粒度参数都以一定的数值定量反映碎屑沉积物的某种粒度特征。

7.2　实验目的

（1）通过粒度分析，认识无障壁海滩砂沉积颗粒物组成。
（2）通过筛分法，了解沉积物粒度分析基本方法及流程。
（3）对无障壁海岸相不同剖面海滩砂开展粒度分析，了解无障壁海岸相沉积环境特征。

7.3　预习内容

（1）了解粒度的基本概念。
（2）查找相关资料，了解海相沉积物粒度的特点。

7.4　沉积物粒度分析

7.4.1　海洋沉积的碎屑物

海洋沉积物在沉积过程中，受其来源、搬运过程及沉积环境等因素的影响，各海域沉积的碎屑物形态及颗粒大小存在差异。

海洋沉积物粒级分类与名称见表7.1。

表 7.1 沉积物粒级

粒组类型	粒级名称	颗粒直径/mm	φ 值
砾石	巨砾	>256	<-8
	粗砾	64～256	-8～-6
	中砾	8～64	-6～-3
	细砾	2～8	-3～-1
砂	极粗砂	1～2	-1～0
	粗砂	0.5～1	0～1
	中砂	0.25～0.5	1～2
	细砂	0.125～0.25	2～3
	极细砂	0.063～0.125	3～4
粉砂	粗粉砂	0.018～0.063	4～6
	细粉砂	0.0035～0.018	6～8
黏土	泥	<0.0035	>8

7.4.2 筛网与目数

目数越大，说明物料粒度越细；目数越小，说明物料粒度越大。筛分粒度就是颗粒可以通过筛网的筛孔尺寸，1 平方英寸（25.4 mm×25.4 mm）面积上所具有的网孔个数称为目数。各国标准筛的规格不尽相同，常用的泰勒制是以每英寸长的孔数为筛号，称为目。例如，100 目的筛子表示每英寸筛网上有 100 个筛孔。目数与粒度对照见表 7.2。

表 7.2 目数与粒度对照

目数（mesh）	微米/μm	目数（mesh）	微米/μm
2	800	100	150
3	670	115	125
4	4750	120	120
5	4000	125	115
6	3350	130	113
7	2800	140	109
8	2360	150	106
10	1700	160	96

续表7.2

目数（mesh）	微米/μm	目数（mesh）	微米/μm
12	1400	170	90
14	1180	175	86
16	1000	180	80
18	880	200	75
20	830	230	62
24	700	240	61
28	600	250	58
30	550	270	53
32	500	300	48
35	425	325	45
40	380	400	38
42	355	500	25
45	325	600	23
48	300	800	18
50	270	1000	13
60	250	1340	10
65	230	2000	6.5
70	212	5000	2.6
80	180	8000	1.6
90	160	10000	1.3

7.4.3 筛分法粒度分析流程

（1）准备工具：振筛机每组1个、电子天平若干、样品袋每组10个、筛网每组1套［粒径（mm）：2、1、0.5、0.25、0.125、0.063，附加底盘］、毛刷每组1只、记号笔每组1只（表7.3）。

（2）将海洋沉积物样品放入500 ml烧杯中，加入蒸馏水（或2‰六偏磷酸钠溶液）浸泡至少12 h，每隔10 min用玻璃棒搅动一次，直至沉积物完全分散，没有凝聚团粒为止。

（3）将已完全浸泡分散的沉积物样品过240目铜筛，用蒸馏水反复洗去小于0.063 mm的极细颗粒及黏土，并将余下大于0.063 mm的样品转移至三角烧杯中,加入2‰草酸钠溶液在电热板上煮沸1 h,以去除附着在矿物颗粒表面的铁质或黏土质薄膜。

(4) 将处理好的沉积物样品放入烘箱,80～100 ℃烘干。

(5) 取50 g干样,在振筛机上筛15 min左右(或人工用铜筛筛到瓷盘内),将各粒级样品从铜筛中转移至样品袋包装,并放入干燥器内,待称重(图7.1至图7.3)。

(6) 将样品袋内的样品分粒级在1/万精密天平或电子天平上称重。各颗粒重量之和应是100%。若不是或大于此数,应将误差按比例分配到各粒级重量中去,使总重量保持100%。

(7) 计算各粒级百分比、平均粒径。沉积物粒径记录列表7.3中。

平均粒径计算公式:

$$M_Z = \frac{\phi_{16} + \phi_{50} + \phi_{84}}{3}$$

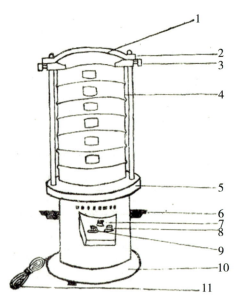

1—支架横旦;2—支架立杆;3—夹紧螺丝;4—纱筛;5—转动盘;6—移动挖手;7—指示灯;8—电源开关;9—定时开关;10—底盘;11—连接线。

图7.1 振筛机结构

(引自网络)

实验 7 粒度分析：筛分法

图 7.2 振筛机组装示意

粒径 >2 mm

粒径：1～2 mm

粒径：0.5～1 mm

粒径：0.25～0.5 mm

粒径：0.125～0.25 mm

粒径：0.063～0.125 mm

图 7.3 筛网示意

表 7.3 沉积物粒径记录

组员：_____ 日期：_____
1 号皿重：_____ 2 号皿重：_____ 3 号皿重：_____
4 号皿重：_____

粒径 d/mm	第____组 样品质量 （含烧杯）/g	第____组 样品质量 （含烧杯）/g	第____组 样品质量 （含烧杯）/g	第____组 样品质量 （含烧杯）/g
>2				
1～2				
0.5～1				
0.25～0.5				
0.125～0.25				
0.63～0.125				
底盘（<0.063）				
合计				

7.4.4 沉积物的命名

单一粒组含量高，而其他粒组含量均不大于 20% 时，以高含量粒组名称直接命名。有二个粒组含量大于 20% 时，按主次进行命名，如粉砂质黏土。当三个粒组含量均大于 20% 时，按含量由少到多进行命名，如粉砂－黏土质砂。

7.5 探索与思考

（1）你能总结出粒度分类的规律吗？
（2）通过本次粒度分析实验，你有什么心得体会？

实验8　岩芯柱状图的绘制

在野外工作时，我们会对钻探岩芯进行实测记录，包括其编号、各地层、构造特征、矿化特征等，并测量各岩性段的岩芯长度、分层。之后再回到实验室，按照一定的比例绘制岩芯柱状图，并查阅相关资料，完善岩芯信息。岩芯柱状图是一项非常专业且重要的地质材料，还牵涉到很多专业知识，也是一项基础工作。

8.1 理论基础

8.1.1 沉积序列

从一种沉积物逐渐过渡到另一种沉积物的规律性顺序排列。沉积序列的顶和底面可以是岩性差异明显的接触界面或是侵蚀面和沉积间断面。如从砾岩—砂岩—粉砂岩—黏土岩，从粗到细的沉积序列。一般粒度由粗变细为一个正旋回。

在海岸发展的地史进程中，随着海进、海退的发生，可以形成进积型和退积型的海岸垂向序列。海退沉积序列又称退积型沉积序列，在陆源物质供应速率很快的情况下，沉积物除了沿沉积表面超覆之外，还会向海洋推进的沉积序列，表现为海退。沉积序列大体表现为上粗下细的反旋回特征。海进沉积序列又称退积型沉积序列，在陆源物质供应速率很慢，小于海平面上升速率，造成了沉积层向陆地方向超覆的沉积序列，表现为海进。沉积序列大体表现为下粗上细的正旋回特征。一般来说，在古代地层剖面中最常见的是进积型垂向层序。

8.1.2 沉积相特点

海相沉积的一般类型和特征：砾岩、砂岩、粉砂岩、黏土岩、碳酸盐岩等，成熟度较高。层理丰富，含有生物扰动构造。

8.1.3 岩芯柱状图

岩芯柱状图是用图表综合的方式将所取岩芯结合有关地质资料，用柱状图的形式按照一定的比例，并附上简要文字描述编制而成的图件。岩芯柱状图可以直观地反映岩芯的岩性特征。

8.2　实验目的

（1）了解岩芯柱状图的绘制方法。
（2）熟知沉积相垂向沉积序列在柱状图上的体现方式。

8.3　预习内容

（1）沉积序列的基本概念，沉积序列有哪些类别？分别有什么特点？
（2）岩芯柱状图的基本要素有哪些？

8.4　绘制柱状图

8.4.1　柱状图

地质柱状图分两种，具体工作流程如下。

1. 钻孔地质柱状图

（1）野外工作。根据钻探岩芯编录，记录各地层、构造特征，矿化特征。测量各岩性段的岩芯长度，分层。

（2）室内工作。根据各回次按比例尺做图，钻孔柱状图一般为1∶200。标明各地层代号、分层、矿段，根据各种图例画图，编写岩性、构造、含水等描述，填写责任表等，写图名。

2. 实测地质柱状图，要先测地质剖面图

（1）室外工作。选定工作地区地层出露较完整地段，进行实测。

详细记录：地层、构造产状、分层依据，寻找化石和各地层（含岩浆岩，变质岩）的基本特征，着重含矿地层的描述，记录剖面线的方位、各测段的坡角、地质构造、地层特征描述。

（2）室内工作。换算地层、构造的假（视）倾角，计算测线水平距离，计算各地层的真厚度。

A. 做地质剖面。按照所需的比例尺换算，根据坡角，水平距离做出测线的地形，根据视倾角做出地层分界线，画图例，标上地层代号。

B. 做地质柱状图。取一张厘米纸，按照所需要的比例尺（实测地质柱状图一般为1∶500），地层从新到老往下做（新地层在上，老地层在下），岩浆岩从最底下往边上画，根据各地质队规定的图例，标上图例，标明地质年代代号、各地层厚度、地质特征描述等，写图名。

C. 填写责任表。写上图名、做图日期、比例尺，负责人、做图人签名。

图完成后，编写一份地质报告。

8.4.2 钻孔柱状图的结构

钻孔柱状图的界面结构可分为图头、图主体、图尾三大部分。图头主要包含钻孔标题、钻孔基本信息和用户自定义信息等。图主体主要描述钻孔地层信息和采样信息，以列的形式进行表达。每一列又可划分为列头和列身，列头主要包含列名及一些简单图例，列身则是地层/采样信息的图形化载体，可根据用户实际需求实例化为深度标尺、岩性纹理、岩性描述、曲线图、杆状图、井深结构图等多种列元素。图尾主要描述钻孔柱状图的附加信息如该图的总页数和当前页码等。

8.4.3 钻孔柱状图的主要类型

本章主要介绍岩芯柱状图的两个常见示例：①蕴含沉积物粒度信息的柱状图（图 8.1）；②包含岩芯照片的柱状图（图 8.2）。

在图 8.1 中自左至右依次为：年代、深度、钻孔粒度－柱状描述、化石信息、断代、沉积单元及岩性描述。这种类型的柱状图，蕴含丰富的岩芯物理信息。通过一张简洁明了的示意图，将整个钻孔的基础信息全部陈列出来，高效地实现了对钻孔概况的简介。极其特色的是沉积物粒度结果和岩性结合的展示方式：自左至右，沉积物颗粒由细变粗。搭配不同的图例，展示了不同沉积层的粒度描述。如果作图者希望通过图示展示岩芯的粒度结果，那么这一类的范例是优秀的参考资料。

实验 8 岩芯柱状图的绘制 | 53

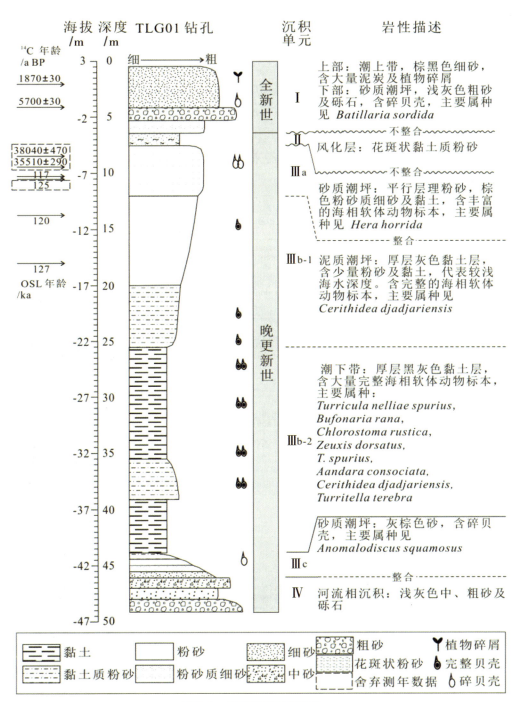

图 8.1 岩芯柱状图范例之一
(王梦媛等,2016)

图 8.2 中自左至右依次为：断代、深度、年龄、岩性及化石特征、岩性描述、岩芯柱状图及沉积单元。与上一个例子不同，该类型柱状图注重对岩芯照片的还原及基于岩芯照片的岩性和化石描述，对于肉眼观察下差异明显的沉积柱较为适用。读图者通过岩性描述的文字信息和柱状图填充的岩性图版，能够清晰的了解钻孔从底部至顶部的岩性变化阶段，有助于初步判断可能的沉积相变化。对于海岸带海相沉积和陆相沉积多发的地带，该类柱状图是极佳的选择。当然，该柱状图需要采集每一个岩芯的完整图片，对于长钻孔来说，需要投入一定的时间。

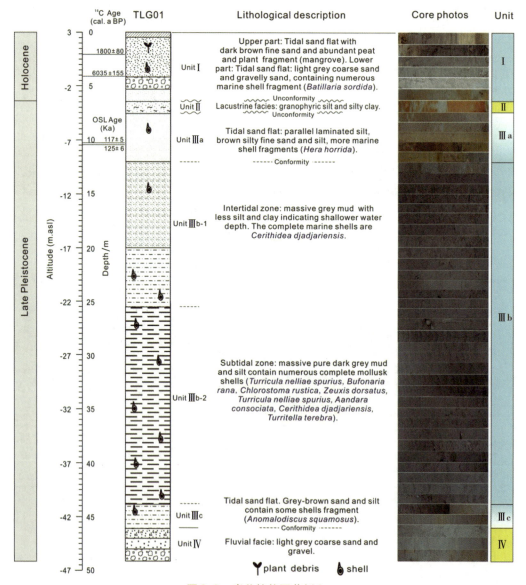

图 8.2 岩芯柱状图范例之二
（Wang 等，2016）

8.4.4 绘　制

本章柱状图的绘制，可采用 CorelDRAW 软件实现。CorelDRAW 是一款由加拿大渥太华的 Corel 公司开发的矢量图型编辑软件。以下介绍部分基本功能。（参考软件使用说明）。

（1）绘制正方形/圆。选择矩形/椭圆工具，按住 Ctrl 键，拖动左键绘制，绘制完毕，注意先松开 Ctrl，再放开左键。

（2）以起点绘制正方形/圆。选择矩形/椭圆工具，同时按住 Ctrl 和 Shift 键，拖动左键绘制，绘制完毕，注意先松开 Ctrl 和 Shift，再放开左键。

（3）绘制正多边形。和绘制正方形/圆相似，不过要先右击多边形工具，选"属性"，设置多边形边数，形状等。

（4）创建和工作区相同大小的矩形。双击矩形工具，可作填充作为图形背景。

（5）从中心绘制基本形状。单击要使用的绘图工具。按住 Shift 键，并将光标定到要绘制形状中心的位置，沿对角线拖动鼠标绘制形状。先松开鼠标键以完成绘制形状，然后松开 Shift 键。

（6）从中心绘制边长相等的形状。单击要使用的绘图工具。按住 Shift + Ctrl 键。光标定到要绘制形状中心的位置。沿对角线拖动鼠标绘制形状。松开鼠标键以完成绘制形状，然后松开 Shift + Ctrl 键。

（7）工具箱。工具箱位于操作窗口的左边缘，工具箱中的每一个按钮都代表一个工具，并且每一个工具都有一个名字，将光标移到某一工具按钮上，停留片刻，该工具的名称就会显示在光标的尾部。其中用于绘图的工具有：直线、曲线、矩形、椭圆形以及多边形等。与先前的版本一样绘图工具和键盘上的 Ctrl 键、Shift 键配合使用能十分快捷得绘制出正方形、圆形以及正五边形等图形。如绘制正方形时，需先按住键盘上的 Ctrl 键，然后使用"矩形工具"即可绘制出来了。

（8）对图形进行移动或者旋转。一种方法是运用工具箱中的"挑选工具"对图形进行移动或者旋转；另外一种方法是使用"安排"下拉菜单的"变形"命令。

使用"挑选工具"对图形进行移动的操作如下：①单击工具箱中的"挑选工具"。②将"挑选工具"光标移至图形中，单击鼠标左键选取图形，被选取的图形四周会有八个黑色的小方块，并且在图形的中心有一个 X 标志。注意：若要取消选取的图形，可将光标移到图形外的某一处，再单击鼠标左键便可取消选取的图形。③移动光标至图形中心的 X 标志上，当"挑选工具"的单箭头光标变为十字箭头光标时，按住鼠标左键不放，这时拖动光标，即可开始移动图形。当把图形移到合适位置时，放开鼠标左键，图形即在新的位置上确立下来了。此时，也就完成了图形移动。

（9）为图形填充颜色与各种各样的花纹、材质以及网状。在单纯为图形填充色彩时，可以采用多种操作方式。最简单的方式是通过操作窗口的最右边的调色板进行操作：单击调色板中的某一色块，便能将该色块上的颜色填充到选取的图形中。

注意：在调色板中，单击鼠标左键是为图形内填充上颜色；单击鼠标右键则是为图形的外框填充上颜色。

在工具箱中有一个"着色"工具按钮，它包含了部分版本中文 CorelDRAW 所提供的许多填充方式。将光标移向该工具按钮的黑色小三角形图标上，单击鼠标左键即可展开"着色"工具条，再移动光标至所需填充方式按钮上，单击它即可选定此种填充方式。例如，圆形按渐层方式填充颜色所产生的效果，按下列步骤进行操作即可得到它。①使用工具箱中的"椭圆形工具"绘制一个正圆形。②按"着色工具"工具按钮，在展开的工具条选择"渐层填色对话方块"工具，进入"渐层填色"对话框。③单击"类型"的下拉按钮，然后选择"类型"下拉列表的"圆形"项。④在"中心点偏移"设置框中的"水平"与"垂直"数字框中分别输入 15%。⑤将"选项"设置框中的"边缘宽度"设置为 10%。⑥单击"色彩调和"中"自"的颜色按钮，展开一个调色板，单击选取其中的一种颜色。⑦单击"确定"按钮关闭对话框。⑧按下工具箱中的"外框工具"按钮，再将光标移至工具条的"无外框"按钮上，单击此按钮，便消除了圆形的外边缘。

（10）群组图形：将两个或以上的图形合在一起组成一个群体图形，它虽然也是一个图形，但还是有许多操作命令是无法在它身上实现的（如分割图形等）。群组图形可以使用"安排"下拉菜单的"解散群组"和"全部解散群组"命令将它们分散开的。

组合图形是将两个或以上的图形合并成一个图形。它和群组图形不同，它已经是一个图形了。组合的图形可以使用"安排"下拉菜单的"分散"命令将它们还原的。

分割图形则是将一个图形分割成两个图形。

群组图形和组合图形的操作并不复杂，只要同时选取需要群组或组合的图形，再使用"安排"下拉菜单的"群体"或"组合"命令便能实现。

注意：同时选取图形需按住键盘上的 Shift 键才能得以实现。

（11）常用快捷键。

F2：缩小

F3：放大

F4：缩放到将所有对象置于窗口中

F5：手绘工具

F6：矩形工具

F7：椭圆工具

F8：美术字工具

F9：在全屏预览与编辑模式间切换

F10：形状工具

F11：渐变填充工具

F12：轮廓笔工具

Ctrl + F3：图层卷帘窗

Ctrl + F5：样式卷帘窗

Ctrl + F7：封套卷帘窗

Ctrl + F8：（PowerLine）卷帘窗

Ctrl + F10：节点编辑卷帘窗

Ctrl + F11：符号卷帘窗

Ctrl + A：对齐和分布卷帘窗

Ctrl + E：立体化卷帘窗

Ctrl + F：使文本嵌合路径卷帘窗

Ctrl + G：组合对象

Ctrl + L：联合对象

Ctrl + Pgup：向前移动

Ctrl + Pgdn：向后移动

Ctrl + Q：将对象转换成曲线

Ctrl + R：重复上次命令

Ctrl + Spacebar：选取工具

Ctrl + T：编辑文字对话框

Ctrl + U：解除对象组合

Ctrl + Z：执行撤消操作

Shift + F11：标准填充

Shift + F12：轮廓色

Shift + FPgup：将对象放在前面

Shift + FPgdn：将对象放在后面
Alt + F2：线性尺度卷帘窗
Alt + F3：透镜卷帘窗
Alt + F5：预设卷帘窗
Alt + F7：位置卷帘窗
Alt + F8：旋转卷帘窗
Alt + F9：比例和镜像卷帘窗
Alt + F10：大小卷帘窗
Alt + F11：斜置卷帘窗
Spacebar：在当前工具和 Pick 工具间转换
Tab：循环选择对象
Shift + Tab：按绘图顺序选择对象

8.5 探索与思考

(1) 在绘制柱状图的过程中，你学到了什么？获得了什么经验？
(2) 你能从岩芯柱状图中读取什么信息？

实验9　海洋沉积综合报告

9.1 珠江口淇澳岛无障壁海岸沉积环境和粒度分析报告

通过对珠江口淇澳岛某无障壁海岸进行野外观察、取样，并在实验室中使用筛分法中的干筛法进行粒度分析，初步推算出淇澳岛无障壁海岸的水动力条件、沉积物组成及沉积环境等。本实验由于条件限制，没有对采集的沉积物进行年代测定，据相关研究推算，珠江口岛屿小型海湾如珠海淇澳岛和澳门黑砂滩一级阶地等地区沉积物主要形成于全新世高海面时期，且多数地区的沉积物性质为海岸带砂质沉积。

第一部分　研究区概况（野外描述）

海滩位于珠海市淇澳岛，海岸线较为平直，向海洋一侧没有障壁阻挡，为无障壁海岸；向岸一侧被人工矮堤阻隔。海滩受明显的波浪和沿岸流的作用，水动力条件较强，近岸海水可以与广海海水进行充分的交换，其海水温度、盐度、含氧情况及生物情况正常。

海滩为砂砾质高能海岸，自然情况下会在向岸方向后滨后方形成风成砂丘，然而受人工矮堤的影响，砂丘未能形成。海滩整体坡度平缓，从矮堤至海岸线的宽度约 10 m。附近有一烧烤场，人工痕迹明显。如图 9.1 所示。

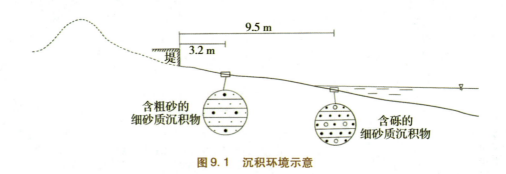

图 9.1　沉积环境示意

第二部分　样品采集与研究方法

一、表面取样

分别在近海（距离矮堤 9.5 m）、近岸（距离矮堤 3.2 m）两处采样点，近海的取样点在采样时由于涨潮的原因已经浸没于水面之下，受到海水的冲洗，其中可见少量稍破碎的贝壳碎片。

二、剖面取样

剖面取样深度约 60 cm，整个剖面以浅黄色至黄褐色砂质沉积为主，含有少量细砂及砾石，整体分选性和磨圆度较差。我们取剖面表层 0～10 cm 处和底层 50～60 发 cm 处的样品进行粒度分析，岩性描述如图 9.2 所示。

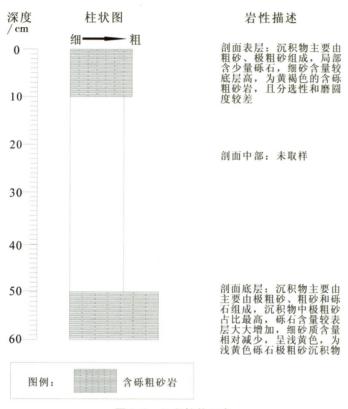

图 9.2 沉积柱状示意

三、研究方法

野外取回的样品为防止颗粒聚集，且受限于实验条件有限，实验室中使用筛分法中的干筛法对其进行粒度分析，实验流程如下：

（1）取 50 g 干样，在震筛机上筛 15 min 左右，将各粒级样品从铜筛中转移至样品袋包装，待称重。

（2）将样品袋内的样品分粒级在 1∶10000 精密天平或电子天平上称重。各颗粒重量之和应是 100%；若不是或大于此数，应将误差按比例分配到各粒级重量中去，使总重量保持 100%。

（3）计算各粒级百分比、平均粒径、标准偏差、偏态、峰度。

(4) 质量单位精确到科学计数 0.1。

第三部分 粒度分析结果

一、原始数据

从淇澳岛采样获得的四组沉积物样品砂质陆源碎屑的体积分数均大于 50%，都属于砂质沉积物。表 9.1 是四组沉积物样品的粒径记录表。

表9.1 沉积物样品粒径记录

粒径 d/mm	第一组 样品质量	第二组 样品质量	第三组 样品质量	第四 组样品质量
>2	0.1709	3.0699	3.2878	12.834
1~2	1.5146	9.2727	11.5178	14.7261
0.5~1	14.4406	24.3316	17.2678	14.0168
0.25~0.5	8.8454	6.5993	6.0472	4.3032
0.125~0.25	22.7316	6.095	9.89	4.0518
0.063~0.125	2.1147	0.5381	0.3098	0.1521
<0.063	0.01	0.0083	0.0336	0.0128
合计	49.8278	49.9149	48.354	50.0968
原始样品质量	50.0463	50.2588	48.7331	50.2207
误差	0.44%	0.68%	0.78%	0.25%

表中的第一组样品为近岸取得的样品，第二组为近海取得的样品，第三组为沉积物剖面表层取得的样品，第四组为沉积物剖面底层取得的样品（下同）。根据原始样品质量和筛分后样品总质量计算得到的误差均小于 1%，符合筛分实验的误差要求。

二、数据处理和初步分析

根据沉积物分级粒径质量可计算各组样品的分级质量分数、筛上累积百分率和筛下累积百分率，见表9.2。

续表 9.1

表 9.2　沉积物样品分级质量分数和筛上筛下累积百分率

粒径 d/mm	第一组			第二组			第三组			第四组		
	质量分数 P_i	筛上累积百分率 P_{si}	筛下累积百分率 P_{xi}	质量分数 P_i	筛上累积百分率 P_{si}	筛下累积百分率 P_{xi}	质量分数 P_i	筛上累积百分率 P_{si}	筛下累积百分率 P_{xi}	质量分数 P_i	筛上累积百分率 P_{si}	筛下累积百分率 P_{xi}
>2	0.34%	0.34%	99.66%	6.15%	6.15%	93.85%	6.80%	6.80%	93.20%	25.62%	25.62%	74.38%
1~2	3.04%	3.38%	96.62%	18.58%	24.73%	75.27%	23.82%	30.62%	69.38%	29.40%	55.01%	44.99%
0.5~1	28.98%	32.36%	67.64%	48.75%	26.53%	35.71%	66.33%	33.67%	27.98%	82.99%	17.01%	
0.025~0.5	17.75%	50.12%	49.88%	13.22%	86.69%	13.31%	12.51%	78.84%	21.16%	8.59%	91.58%	8.42%
0.125~0.25	45.62%	95.74%	4.26%	12.21%	98.91%	1.09%	20.45%	99.29%	0.17%	8.09%	99.67%	0.33%
0.063~0.125	4.24%	99.98%	0.02%	1.08%	99.98%	0.02%	0.64%	99.93%	0.71%	8.09%	99.67%	0.33%
<0.063	0.02%	100.00%	0.00%	0.02%	100.00%	0.00%	0.07%	100.00%	0.00%	0.03%	100.00%	0.00%

沉积物粒径分级质量分数即指沉积物中各级粒径的沉积物的质量分数，筛上累积百分率指所筛分的粒径范围及该粒径范围以上的沉积物的累积质量分数，筛下累积百分率同理。根据表 9.2，可推断各组沉积物的粒径众值和中值，见表 9.3。

表 9.3　沉积物样品众值和中值粒径范围

粒径/mm	第一组	第二组	第三组	第四组
众值	0.063~0.125	0.5~1	0.5~1	1~2
中值	0.5~1	1~2	1~2	>

三、粒径分布图表绘制及分析

1. 粒径饼状分布图及分析

第一组（近岸）：根据饼状图（图 9.3）可知，第一组沉积物主要由细砂、粗砂及中砂组成，质量分数分别为 45.62%、28.98% 和 17.75%。细砂含量极高，占比将近一半，且沉积物中含有较多的粗砂，因而定名为含粗砂的细砂质沉积物。

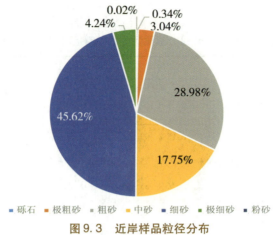

图 9.3　近岸样品粒径分布

第二组（近海）：根据饼状图（图 9.4）可知，近海组沉积物主要由粗砂、极粗砂组成，质量分数分别为 48.75%、18.58%。沉积物中砾石含量大于 5%，因而定名为含砾粗砂质沉积物。

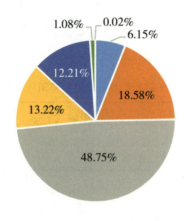

图 9.4　近海样品粒径分布

第三组（剖面表层）：根据饼状图（图 9.5）可知，剖面表层沉积物主要由粗砂、极粗砂组成，质量分数分别为 35.71%、23.82%。砾石和极粗砂质量分数与第二组相比，有所上升。沉积物中砾石含量大于 5%，因而定名为含砾粗砂质沉积物。

第四组（剖面底层）：根据饼状图（图 9.6）可知，剖面底层组沉积物主要由极粗砂、粗砂和砾石组成，质量分数分别为 29.40%、27.98% 和 25.62%。沉积物中极粗砂占比最高，砾石含量较另外三组大大增加，定名为砾石极粗砂质沉积物。

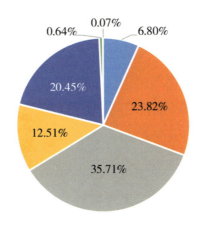

■ 砾石 ■ 极粗砂 ■ 粗砂 ■ 中砂 ■ 细砂 ■ 极细砂 ■ 粉砂

图 9.5　剖面表层样品粒径分布

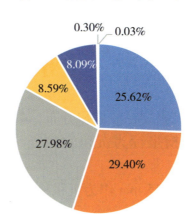

■ 砾石 ■ 极粗砂 ■ 粗砂 ■ 中砂 ■ 细砂 ■ 极细砂 ■ 粉砂

图 9.6　剖面底层样品粒径分布

基于以上粒径饼状分布图分析，沉积物总体上局部由岸向海逐渐变粗，因为取样地点为淇澳岛某处无障壁海岸，正常沉积物应该由近岸向海逐渐变细，而分析结果出现局部的向海变粗的结果，推测是人工堤坝的阻挡对沉积物的分选沉积有一定影响。除此之外，我们野外取样的时间为下午 5 点左右，正值涨潮时期，近海取样点水动力条件强，受潮汐作用影响可能会堆积少量粗颗粒的沉积物。

结合粒径饼状分布图和沉积物柱状图，剖面上沉积物粒径从表层到底层由细变粗。

2. 分配曲线及分析

分配曲线又称频率分布图，用以描述各粒径级的质量和所占比例。根据各组沉积物样品各级粒径的分级质量分数，以沉积物粒径范围为横坐标，分级质量分数为纵坐标绘制分配曲线，如图 9.7 所示。

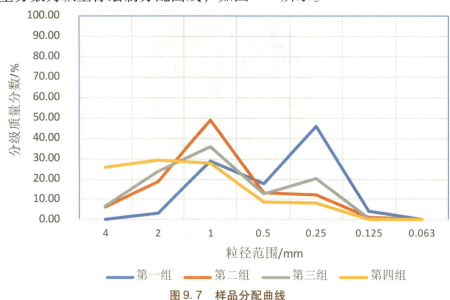

图 9.7 样品分配曲线

3. 累积频率图及分析

累积频率图用以描述沉积物粒径累积分布，其纵坐标为小于某一粒径级沉积物质量百分比数值，横坐标为沉积物粒径（以对数分度），如图 9.8 所示。

（取粒径为 4 mm 和 0.3125 mm 作为沉积物粒径的上下限做累积曲线）

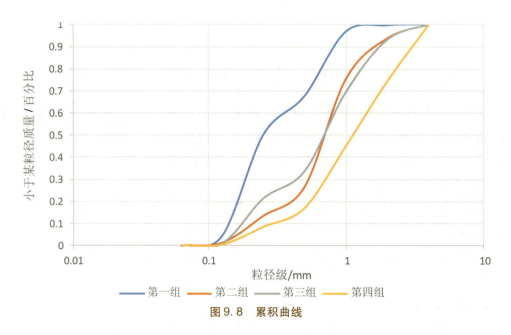

图 9.8 累积曲线

根据累积频率图，将沉积物自然粒径 d 转换为 Φ 值，可计算各组沉积物的粒径统计参数，见表 9.4。

表 9.4 沉积物样品粒径统计参数

粒径参数	第一组	第二组	第三组	第四组
平均粒径 M_z	1.78	0.72	0.81	0.06
平均自然粒径 M	0.29	0.61	0.57	1.04
分选系数 σi	0.94	1.11	1.30	1.26
偏态 Ski	−0.28	0.06	0.09	−0.03
峰态 Kg	0.63	1.95	0.98	0.95

（1）从平均粒径来看，第一组平均粒径数值大于第二组，第三组平均粒径数值大于第四组，平均自然粒径相反，这符合各组取样的位置和水动力条件。

（2）从分选系数来看，第一组即近岸的沉积物的分选性中等，另外三组分选较差。

在无障壁的高能砂质海岸，风成砂丘亚相的风成砂丘砂质沉积物分选性最好，海（湖）滩次之。根据图 9.1 沉积物环境示意可知，近岸采样地点属于无障壁海岸风成砂丘亚相，但由于人工堤坝的影响，分选性中等，向海分选性逐渐变差。

（3）从偏态来看，第一组和第四组的沉积物为负偏，第二组和第三组的沉积物为正偏。

说明：在珠海淇澳岛这处无障壁海岸环境中，波浪作用以及风的剥蚀搬运作用使得一些粉砂黏土质细粒物质被簸选掉，因此第一组近岸沉积物样品出现负偏峰。而第二组近海沉积物样品收到采样时间的影响，因为采样时间处在涨潮阶段，潮汐作用影响大，水动力条件强，沉积了部分粗颗粒砂质沉积物，使得沉积物偏态呈现正偏。

（4）从峰态来看，第一组的沉积物粒径分配较平坦，另外三组的尖锐。

正常的海滩沉积砂的频率曲线为单峰对称的正态曲线，而这四组样品的频率曲线的几乎都为双峰，且峰度值异常，反映出沉积物源的多样性。四组沉积物样品的分选性都不好，推测是人工矮堤的阻隔使得风没有足够的搬运距离对沉积物进行分选。

（注：由于各粒径统计参数是基于沉积物的 ϕ 值，因而和上文的自然粒径分配曲线的特征有所差异）

第四部分　结论

滨海沉积相可以根据颗粒物粒度大小分组、各类参数（包括粒径众值和中值、平均粒径、分选系数、偏态和峰度等）和分配曲线及累积频率曲线加以鉴别。有研究认为：样品粒度频率曲线显示的峰态与已知的沉积环境的典型沉积物的峰态对比，若峰值与众数粒径相近，基本可以判断该样品与典型沉积物的环境或来源相似。

波能对海滩的变化有着重要的作用。波浪对海滩的冲淤变化的影响非常复杂，不仅与波浪的波高、波陡、波周期等要素有关，也与海滩本身的一些性质如泥砂粒径、物质组成、地形要素等有着密切的联系。

海滩一个潮周期里振动与潮汐有较紧密的关系，且表现为正相关。海滩随着涨潮而堆积，落潮而侵蚀。其原因为涨落潮引起地下水的重新分配而影响海滩的泥砂运动。我们在采样时正好是涨潮，样品的正偏态和负偏态也许与涨潮时泥砂在运动有关。

现代表层两组近岸和近海沉积物的粒度分析结果显示，第一组近岸沉积物主要由细砂、粗砂及中砂组成，质量分数分别为 45.62%、28.98% 和 17.75%。细砂含量极高，占比将近一半，且沉积物中含有较多的粗砂，为含粗砂的细砂质沉积物，颗粒分选性中等，峰态为 0.63，与众值粒径相接近。因此，第一组沉积物与无障壁高能砂砾质海岸的滨海相的沉积物相类似，推测为滨海海岸沉积相中风成砂丘亚相处的沉积物样品，水动力条件差，沉积物颗粒较细，但由于受到人工堤坝的阻挡，所以分选性较弱。第二组近海沉积物如果与典型的无障壁高能海岸沉积环境类比，由于沉积环境受到涨潮时的潮汐作用影响，水动力条件强，沉积物主要由粗砂、极粗砂组成，质量分数分别为 48.74%、18.58%。沉积物中砾石含量大于 5%，因而定名为含砾粗砂质沉积物。

剖面的两组沉积物样品粒度分析结果显示，珠海淇澳岛该处无障壁海岸黏土粉砂质沉积物含量非常少，而砂质（粗砂体积分数较高）含量丰富，且含有较多的砾石滨海相沉积物，沉积剖面呈现自下向上逐渐变细的趋势。第四组沉积物（即剖面底层）主要由极粗砂、粗砂和砾石组成，质量分数分别为 29.40%、27.98% 和 25.62%。沉积物呈现浅黄色，极粗砂占比最高，砾石含量较另外三组大大增加，指示当时的水动力条件较强，猜测当时的沉积环境可能为滨海海岸沉积相中的前滨相，受海浪作用影响大，水动力条件强，沉积了大量的极粗砂质沉积和砾石。而剖面表层的第三组沉积物与底层沉积物相比平均粒径较细，主要由粗砂、极粗砂组成，质量分数分别为 35.71%、23.82%，沉积物呈现黄褐色，细砂等细粒沉积物体积分数较第四组高，沉积环境推测为后滨相中的砂丘相沉积。这两组剖面沉积物的粒度差异也反映了此处无障壁海岸发育过程中海浪作用影响出现减弱的迹象，表层沉积受人为活动影响大。

9.2　珠江口淇澳岛砂质海滩粒度分析报告

第一部分　前言

为进一步深刻了解海岸滨海相类型、探究沉积物粒度分布所反演的沉积动力环境，本次实验通过对珠江口淇澳岛某无障壁低能海岸进行野外观察、取样以及在实验室中用筛析法进行样品粒度分析，探讨了淇澳岛海岸沉积物组成和沉积物粒度分布特征。根据粒度参数分析结果，结合粒度频率分布曲线、粒度概率累积曲线阐述沉积物的粒径组成、沉积动力条件，并尝试分析沉积物的搬运沉积条件。研究结果显示，水上样品总体为含砾粗砂质沉积物，水下样品总体为粗中粒砂质沉积物，体现出沉积物由海向岸变细的趋势。

沉积物粒度分析是海洋沉积环境研究最基本的手段之一。它对阐明海底沉积物的物质来源、解释沉积动力分异作用以及对环境的识别等方面具有重要的作用。沉积物粒度特征除用频率曲线和概率累积曲线直观表达外，还主要通过计算一系列粒度参数来定量分析。常见的表征粒度特征的参数包括中值粒径、平均粒径、分选系数、偏态和峰度等。除中值粒径外，其他参数均需用公式计算获得。不同参数具有不同的地质环境意义，各参数之间也存在一定的联系，因此通过对沉积物粒度参数的综合分析可以更好地反映沉积环境及水动力的变化。

第二部分　珠江口淇澳岛砂质海岸背景调研

一、研究区概况

淇澳岛位于珠江河口内西岸横门河口（图9.9），整个海岛面积24 km^2，属于南亚热带海洋性气候。统计结果表明，研究区常年平均气温22.4 ℃，1月平均气温为15.3 ℃，历年极端最低温为2.5 ℃。潮汐性质属不正规半日潮，其特点是相邻的两个高潮或低潮的潮高不等，涨落潮历时不等，平均潮差随洪季、枯季及大、小潮而不同，一般为0.70～1.96 m。统计资料显示，影响广东的热带气旋平均每年12.7次，其中在广东登陆的占49%，而直接在珠江口登陆的占20.7%。

采样地点位于珠海市淇澳岛某海滩，海岸线较平直，稍向内凹，向着海洋一侧没有障壁，主要水动力条件为波浪，较明显的波浪和沿岸流的作用，其海水盐度、温度、含氧状况正常，生物正常。

图 9.9　淇澳岛地理位置

二、采样时潮汐概况

研究区主要为不规则半日潮，当天采样时间为 15：00～16：00，处于涨潮至高潮期。位于潮间带的水下采样点正处于潮水淹没时期，水上采样点则始终出露水面。如图 9.10 所示。

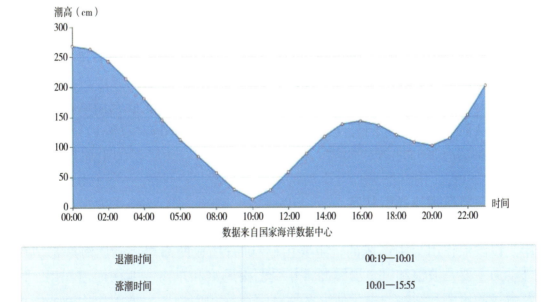

图 9.10　采样时珠海淇澳岛潮汐表

三、砂质海岸与粉砂质淤泥海岸基础知识

1. 砂质海岸

砂质海岸，又称海岸带，是指从平均浪基面以上至最高浪潮面之间的地带。更简单地说在正常浪基面（一般在水深20 m以内）以上的滨海区。砂质海岸位于海洋和陆地的过渡地带，动力环境复杂，砂体时刻处于调整变化中，是海洋动力过程中最为敏感的地带。

砂质海岸，通常是由松散的、很软、很细的物质如细砂、粉砂和淤泥组成的，海岸线比较平直，海滩比较宽，也比较长。这种海岸也常常是被堆积的海岸。基本地质特征主要表现在两个方面：

（1）深度范围。深度范围主要受正常天气波浪强度的控制。面向大洋的开阔滨海带，波浪强度大，波基面较深；局限海湾的滨海带，波浪强度小，波基面浅，滨海带深度只有几米深。由于波浪强度常随季节变化以及潮汐周期对海平面波动的影响，上、下限总是处于经常变化的状态。

（2）沉积特点。由于海岸线的不断迁移，可以形成较厚和较宽的海岸沉积。除各种陆源碎屑沉积外，还可形成较发育的滨海碳酸盐沉积。

2. 粉砂淤泥质海岸

粉砂淤泥质海岸是由小于 $0.05\ \mu m$ 粒级的粉砂淤泥组成的海岸。此类型海岸的岸线较平直，海滩宽广、岸坡极缓，在岸坡的形成塑造过程中潮流起着主导作用。

当潮波进入浅水后，由于潮波前坡变陡、涨潮流速＞落潮流速，掀砂力很强，挟砂力大，在海底形成混浊层，这种混浊层在渤海湾厚度可达1 m左右，在海州湾顶厚度达0.5 m左右，因此在涨潮时底部泥砂都向岸推动一段距离，从而使海滩不断向外淤涨，岸坡也很缓（为0.5‰～1‰）。在我国主要分布在滨海平原地区，如渤海湾西岸、莱州湾岸、辽东湾沿岸及苏北海岸等。

3. 采样区海岸类型初定

根据沉积物成分的研究结果显示，采样地所在海岸为砂质海岸。砂质海岸是以波浪作用为主形成的，主要由砂/砾石构成的海岸。砂质海岸形成的外动力主要是波浪和风。淇澳岛常年受西南风浪和东南－西南涌浪作用，以及台风的侵袭和影响。由于研究区所在海岸线稍向内凹，波浪作用减弱，产生堆积前进，海岸沉积物以砂质沉积为主。海滩为砂质低能海岸，自然情况下会在潮滩后方形成沼泽，而由于人为活动的影响，海滩后方被人工堤坝和建筑群阻隔，未见沼泽形成。

第三部分　野外观察与样品采集

一、野外环境观察

采样点所在的海滩是典型的砂质海岸，十分狭长，海滩上有一些侵蚀较为严重的岩石。由于在岸边不远处有人工建筑的存在，所以该海滩只呈现了部分的沉积亚相。而由于人工建筑的阻隔，我们也并未观察到低能海岸理论上存在的沼泽亚相。向远处望去，并未发现有障壁岛的存在，如图9.11所示。

图9.11　淇澳岛采样点海岸照片

海滩沉积物可以观察到较为明显的条带状分布，分选度磨圆度较好。在距离当时平均潮面约15 m处可以观察到一条明显的粗粒沉积条带，夹杂有生物质沉积（贝壳类）。总体上可以发现沉积物由海向岸粗粒占比逐渐增大。如图9.12所示。

图 9.12 海岸三条明显的沉积条带

二、样品采集

分别在岸上与浅水下设置了两个采样点。根据沉积物成分（细碎贝壳，细碎树枝）判断，岸上的取样点应位于高潮位附近，距离人工堤坝 0.5 m（由于人工堤坝的存在，该点海水可能不是海水能到达的最高点）。浅水下取样点位于低潮位与高潮位之间的潮滩，判断依据是取样时正值退潮期间，取样点位于水下约 20 cm。将两个采样点的砂分开封装带回实验室。

(1) 采样点位置：水上采样点，样品采集共三袋
　　　　　　　　水下采样点，样品采集共三袋
(2) 采样点间距离，见表 9.1。

表 9.1　采样点具体距离信息

离岸距离/m	水深/cm	两采样点间距离/m	两采样点间距离/m
水上采样点	0.5	—	11.1
水下采样点	11.6	最高水深 20 cm	

（3）采样点选择：由于岸边堤坝的限制，尽可能使水上采样点靠近岸边，使两个采样点间的距离尽可能地拉大，使得两个采样点位于不同的滨海相的亚相地带，能够体现出不同亚相处的沉积物特点，但是受控于堤坝，采样点间的距离不能够精确地保证是位于不同的亚相环境，只能尽可能的去靠近（图9.13）。

图9.13 采样时照片

第四部分 粒度筛分

一、筛分法

在对沉积物粒度进行分析时具有多种方法，如粒度分析放大镜、筛分法、照相对粗碎屑岩进行粒度分析、沉降法、光学法、显微镜法、区域扫描法、电阻法、激光法等，此次实验我们所选择的是筛分法。筛分法流程如图9.14所示。

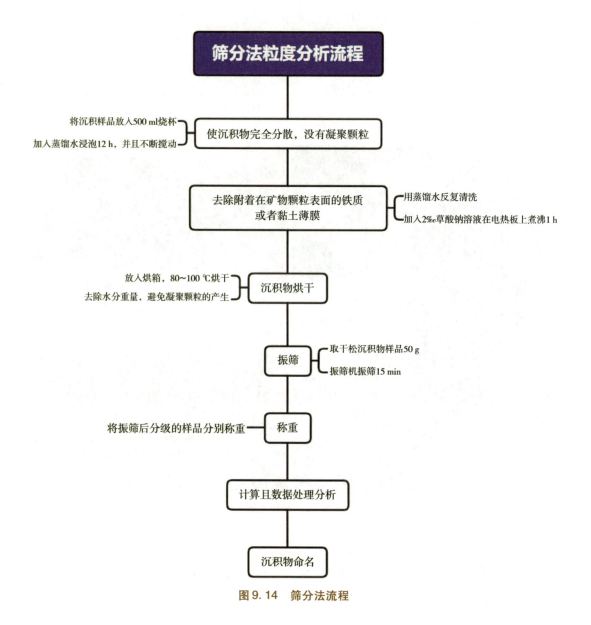

图 9.14　筛分法流程

在运用筛分法对沉积物样品进行粒度分级时会遇到如下一些问题：

（1）用振筛机，振筛之后，将不同粒级的沉积物分装时由于筛上筛下都同时具有沉积物颗粒，在分装时要十分精细，但是仍然不能排除一些颗粒分级的不正确性。

（2）沉积物颗粒筛分要求沉积物必须完全烘干，没有水分的存在，不存在不同粒级的颗粒凝聚成一个大颗粒的现象，但是由于没有完全烘干，不能够完全排除一些极细的沉积物附着在较大的颗粒物上面，这很难被发现。

（3）振筛机振筛效果对粒径分级也具有很大的影响。

二、筛分结果

筛分数据原始结果如表9.2所示。

表9.2 筛分数据原始结果

粒度	水上初始质量/g	水下初始质量/g
>212.14	3.038	
1~2	27.01	8.764
0.5~1	9.67	23.587
0.25~0.5	0.5	12.082
0.125~0.25	0.15	2.184
0.063~0.125	0.012	0.0565
底盘（<0.063）	0.088	0.0065
合计	49.57	49.718

第五部分 数据分析

一、水上分析

（1）根据图9.15粒度分布饼状图可知，近岸沉积物主要由极粗砂（54%）、粗砂（24%），甚至有约20%的细砾组成。在整个沉积物的粒度分布中，极粗砂占比很大，甚至超过了一半，同时还具有较多的粗砂，故综上可以命名为"细砾极粗砂"。

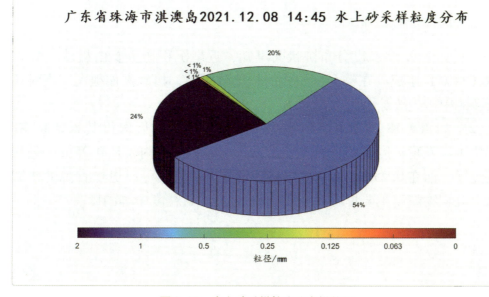

图9.15 水上砂采样粒度分布饼状图

（2）对水上沉积物样品进行粒度筛分后取得其累计频率图，如图 9.16 可以发现粒度主要分布在 0.5～2 mm 范围之内，从 0.5 mm 处累积曲线陡增，而在 0.5 mm 之前曲线频率几乎为 0，故可以更加直观的体现出此水上沉积物粒度主要集中在 0.5 mm 之上，是粒度较粗的砂。

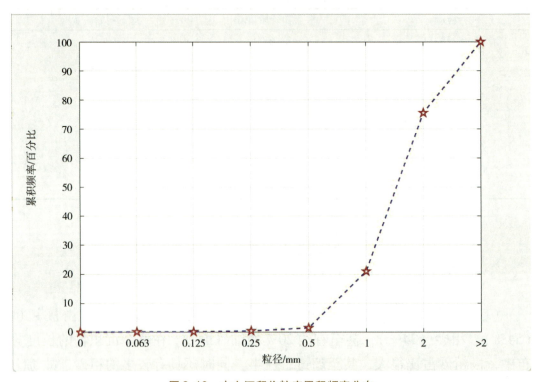

图 9.16　水上沉积物粒度累积频率分布

二、水下分析

（1）如图 9.17 粒度分布饼状图可知，近岸沉积物主要由粗砂（47%）、中砂（24%）组成。在整个沉积物的粒度分布中，粗砂占比很大，同时还具有较多的中砂，故综上可以命名为"中粗砂"。

（2）如图 9.18 对水下沉积物样品进行粒度筛分后取得其累计频率图，从图中可以发现粒度主要分布在 0.25～1 mm 范围之内，从 0.25 mm 处累积曲线陡增，而在 0.25mm 之前曲线频率几乎为 0，故可以更加直观的体现出此水上沉积物粒度主要集中在 0.25 mm 之上，是粒度中等的砂。

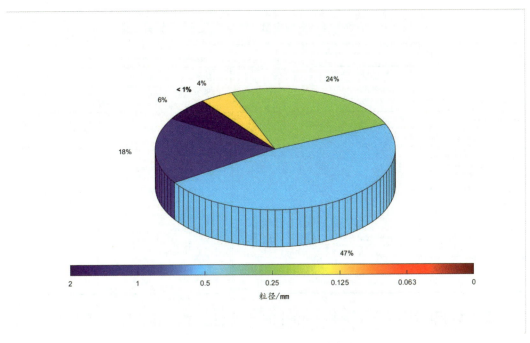

图 9.17 水下沉积物粒度分布饼状

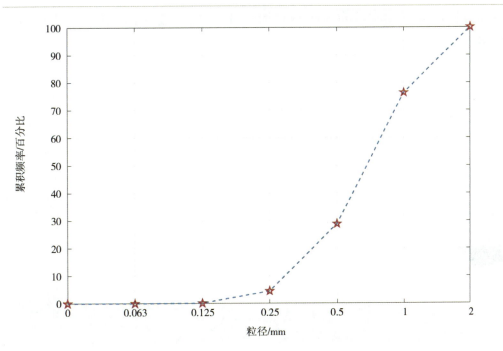

图 9.18 水上沉积物粒度累积频率分布

(3) 根据沉积物筛分粒度原始数据,计算其质量分数、筛上累计百分率、下累积百分率，见表 9.3。

表 9.3 沉积物样品分级质量分数与筛上筛下累积百分率

粒度/mm	水上采样组/g				水下采样组/g			
	初始质量/g	质量百分率A1/%	筛上累积百分率A2/%	筛上累积百分率A3/%	初始质量/g	质量百分率B1/%	筛上累积百分率B2/%	筛上累积百分率B3/%
>2	12.14	24.49	24.49	75.51	3.038	6.11	6.11	93.89
1~2	27.01	54.49	78.98	21.02	8.764	17.63	23.74	76.26
05~1	9.67	19.51	98.49	1.51	23.587	47.44	71.18	28.82
0.25~0.5	0.5	1.01	99.5	0.5	12.082	24.3	95.48	4.52
0.125~0.25	0.15	0.30	99.80	0.2	2.184	4.4	99.88	0.12
0.063~0.125	0.02	99.82	0.18	0.0565	0.11	99.99	0.01	
底盘（<0.063）	0.088	0.18	100	0	0.0065	0.01	100	0
合计	49.57	100	100	0	49.718	100	100	0

筛上累积产率：是大于某一筛孔的各级别产率之和，即表示大于某一筛孔的物料共占原物料的百分率。筛下累积产率：是小于某一筛孔的各级别产率之和，即表示小于某一筛孔的物料共占原物料的百分率。利用这些数据能够更加方便的体现出在任意一个粒径时，比其大、比其小的粒径所占的百分比是多少，这样整个粒度分布更加清晰与明显。

三、对照分析

1. 海岸图及剖面图分析

采样区海岸延伸图及采样点位置如图 9.19 所示。

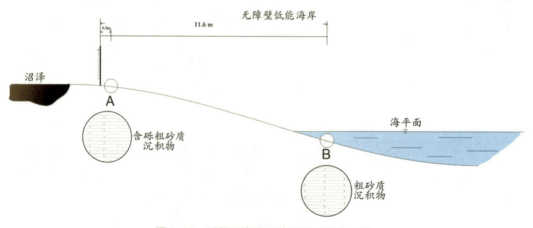

图 9.19 采样区海岸延伸图及采样点位置

根据卫星云图和实际取样的环境绘制了该研究区域的沉积环境由海向陆的横向剖面图，主体部分位于潮间带。在地图上，我们发现采样区域的后方有沼泽和红树林分布，根据这一特征我们推断该取样区域属于无障壁低能海岸。为了探究潮汐对海岸沉积环境的影响，我们小组将海岸延伸的最远距离的堤坝看作岸，并选取了离岸距离 0.5 m 的 A 点和离岸距离 11.6 m 的 B 点作为取样点，分别在滩面以下 10 cm 和水面以下 15 cm 的表层进行沉积物的采集工作，并通过比对沉积物粒径标尺粗略判断了沉积物类型。

在 A 处采样时，发现表面覆盖有树枝、渔网、塑料等杂物，且砂砾整体的颜色较浅，水分少，表面风化层较厚。为了避免表面风化和杂物对实验结果产生干扰，我们选取了表层以下 10 cm 的沉积物作为样品。与标尺比对时发现，大多数的砂粒粒径为 1.5～3.0 mm。属于极粗砂和砾石，1.0 mm 以下的砂粒较少。在同一距离的其他取样点也发现了一些生物介壳，则推断该处为较高潮位可以到达的潮间带上部，波浪的能量较强，粒度较粗，磨圆度和分选性较差。如图 9.20 所示。

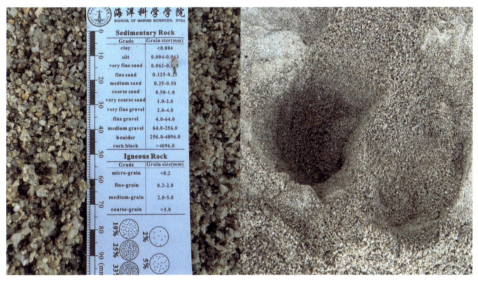

图 9.20　A 处采样点沉积物

在 B 处采样时，我们利用潮水后退的时间间隔，在平均水面以下约 15 cm 处采集了沉积物样品，砂砾整体含水量高且颜色偏黄，表面无风化。由于 B 点受波浪冲刷的次数更多，则砂砾的粒度更细，与标尺比对后发现大多数沉积物的粒度为 0.2～1.0 mm，属于中粒和粗粒，大于 1.0 mm 的砂砾较少。由于离岸距离较远，在较低潮位的时候可以暴露出来，我们判断该处为潮间带下部，波浪能量较弱，沉积物整体粒度较细，磨圆度和分选性更好。如图 9.22 所示。

图 9.21　B 处采样点沉积物

结合实际测量的沉积环境的离岸距离和后续对样品进行粒度筛分的实验结果，绘制了沉积柱状图。由于只选取了横向单一层面的样品，所以将柱状图的纵坐标设置为离岸距离。从图中可以看出，离岸距离由近到远，沉积物的粒度由粗变细，验证了潮间带（潮滩）波浪和潮汐作用强弱对沉积物粒度的影响。根据岩性特征，将波浪和潮汐作用较强的潮间带上部的沉积物定为灰白色含砾极粗砂岩，将波浪和潮汐作用较弱的潮间带下部的沉积物定为黄褐色中粗砂岩。

2. 沉积物粒径参数分析

沉积物样品粒径统计各参数、沉积物样品剖面图及描述，见表 9.4 和图 9.22。

表 9.4　沉积物样品粒径统计各参数

粒径参数	水上组	水下组
平均粒径 M_z	1.37	0.65
平均自然粒径 M	0.16	0.086
分选系数	0.05	0.055
偏态 Ski	−0.025	0.08
峰态 K_g	0.80	0.85

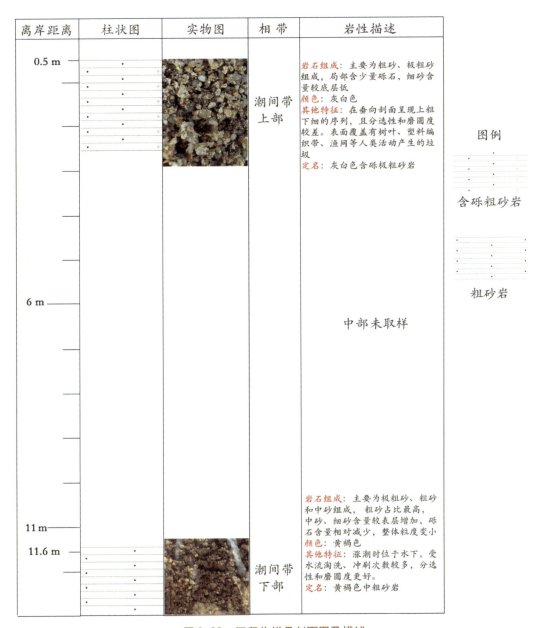

图 9.22　沉积物样品剖面图及描述

（1）平均粒径。表示粒度分布的集中趋势。颗粒物粒度分布一般是趋向于围绕着一个平均的数值，即中值、众数或平均粒径。这些数值受两个因素的控制，一是沉积介质的平均动力能（速度），二是来源物质的原始大小。其代表性较差，因为它不能表示粗、细两侧的粒度变化。

$$Mz = \frac{\phi_{16} + \phi_{50} + \phi_{84}}{3}$$

在本次采样中可以发现，水上组样品的平均粒径为 1.37 mm，水下组为 0.65 mm，代表了各组的粒度的集中分布粒径范围，从整体上体现了远岸与近岸的粒度差距。

（2）分选系数。是表示分选程度的参数。它表示颗粒大小的均匀程度，或者说是表现围绕集中趋势的离差。具体表达式如下：

$$S_0 = \frac{P_{25}}{P_{75}}$$

式中，P_{25} 和 P_{75} 分别代表累积曲线上颗粒含量 25% 和 75% 处所对应的颗粒直径。

若 S_0 较小，则说明颗粒含量 25% 和 75% 处所对应的颗粒直径大小相对接近，差距很小，则分选性好，反之则分选性差。

对比两个采样点的位置，可以看出水上组的分选系数为 0.05，水下组为 0.55，水下组的分选性远远大于水上组，可能是因为潮水的不断的淘洗，增强了其分选性。

（3）偏态与峰度。偏态被用来判别粒度分布的不对称程度。公式为

$$SK_1 = \frac{\phi_{16} + \phi_{84} - 2\phi_{50}}{2(\phi_{84} - \phi_{16})} + \frac{\phi_5 + \phi_{95} - 2\phi_{50}}{2(\phi_{95} - \phi_5)}$$

根据峰的偏斜方向可分出：① 正偏态。峰偏向粗组分为主，细粒一侧表现为低的尾部。② 负偏态。峰偏向细粒度一侧，沉积物以细粒为主，粗粒一侧有低的尾部，为在含量较少的尾部有个低的次峰。

峰度是用来斯量粒度频率曲线尖锐程度的，也就是度量粒度分布的中部与两尾端的展形之比。峰度公式为：

$$K_g = \frac{\phi_{95} - \phi_5}{2.44(\phi_{75} - \phi_{25})}$$

峰度和偏态都能反映沉积物频率曲线的双峰性质及其尾部变化，因此在判断沉积环境时都很有意义。正常的海滩沉积砂的频率曲线为单峰对称的正态曲线，其偏态和峰度都正常，即偏度值近于零，峰度值近于 1。不正常的偏度和峰度值反映沉积物具双峰或多峰性，属于多物源沉积。极端（极高或极低）的峰度是两组沉积物混合沉积造成的，这在河流沉积中最常见。在反映这些成因性质时，偏度和峰度值常比频率曲线表现得更灵敏。

在本次实验中的两组样品，偏度值分别为 -0.025 和 0.08，峰度值分别为 0.80 和 0.85，可见，偏度值都接近于 0，峰度值都接近于 1，属于正常的海滩沉积砂的单峰对称的正态曲线，沉积物单一来源。

3. 水上采样组与水下采样组频率分布对照

水上采样组与水下采样组频率分布对照曲线，如图 9.23 所示。

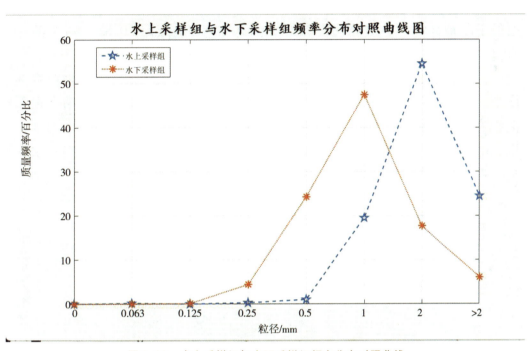

图 9.23　水上采样组与水下采样组频率分布对照曲线

从图中可以较为清晰看出水上采样组无论是粒度峰值还是整体的粒度分布相比于水下采样组的粒度都更为粗大，在整体粒度分布上显示出从近水处到近岸粒度变粗的趋势。

第六部分　总　结

（1）此次实习海岸为无障壁低能滨海相：广海性海岸，与南海相通，可以充分地进行水体流动和交换，生物种类正常、盐度正常。水动力条件较弱，可能是因为淇澳岛附近的红树林具有较强的消浪作用。受潮汐影响强烈，大部分的海滩部分都是间歇性的处于水上或者水下，海滩上可见很多的碎贝壳。

（2）水上采样点沉积物综合描述：主要由极粗砂（54%）、粗砂（24%），甚至有约 20% 的细砾组成，命名为"细砾极粗砂"。平均粒径为 1.37 mm，较粗；分选系数 0.05，颗粒物分选程度不是很好，可能是因为水上采样点受到岸边堤坝的影响，导致分选性不好。偏态 -0.025，峰态为 0.80，两值都在正常范围，属于海滩沉积物特征。大体位于潮间带或者高潮带。

（3）水下采样点沉积物综合描述：主要由粗砂（47%）、中砂（24%）组成，命名为"中粗砂"。分选系数为 0.55 在潮汐起落的过程中，受到水动力的不断地冲洗，导致分选性较好。偏态 0.08，峰态为 0.85，两值都在正常范围，属于海滩沉积物特征。大体位于潮间带。

（4）综合以上信息，基本印证了海滩沉积物中从陆向海沉积物粒度逐渐变细，水动力条件逐渐变强，分选性逐渐变好的特点。体现了水动力在颗粒沉积物的淘洗过程中的重要作用。此外潮汐是控制此地区沉积环境的重要因素，潮汐带来的海水的垂直升降使得海滩高位可以间歇性的接收到海水的冲击，带来部分海水沉积物。

参考文献

[1] 国家海洋标准计量中心海洋调查规范：第 8 部分　海洋地质地球物理调查：GB/T 12763.8 -2007 [S]. 北京：中华人民共和国国家质量监督检验检疫局，中国国家标准化管理委员会，2008.

[2] 安福元，马海州，樊启顺，等. 粒度在沉积物物源判别中的运用 [J]. 盐湖研究，2012，20（1）：49 -56.

[3] 操应长，姜在兴. 沉积学实验方法和技术 [M]. 北京：石油工业出版社，2003.

[4] 陈欣树. 广东和海南岛砂质海岸地貌及其开发利用 [J]. 热带海洋，1989（1）：43 -51.

[5] 何幼斌，王文厂. 沉积岩与沉积相 [M]. 北京：石油工业出版社，2007.

[6] 刘志杰，公衍芬，周松望，等. 海洋沉积物粒度参数 3 种计算方法的对比研究 [J]. 海洋学报，2013（7）：4.

[7] 卢良兆，许文良. 岩石学 [M]. 北京：地质出版社，2011.

[8] 桑隆康，廖群安，邬金华. 岩石学实验指导书 [M]. 武汉：武汉地质大学出版社，2005.

[9] 桑隆康，马昌前. 岩石学 [M]. 2 版. 北京：地质出版社，2012.

[10] 孙善平，李家振，朱勤文，等. 国内外火山碎屑岩的分类命名历史及现状 [J]. 地球科学社，1987，12（6）：571 -577.

[11] 万一兴，郑卓，萧一亭，等. 珠江口岛屿全新世砂堤的年代与沉积环境 [J]. 热带地理，2016，36（3）：388 -398.

[12] 汪相. 晶体光学 [M]. 2 版. 南京：南京大学出版社，2014.

[13] 王德滋. 光性矿物学 [M]. 上海：上海人民出版社，1975.

[14] 王天娇，马宏伟，倪金，等. 金州湾表层沉积物粒度特征及沉积环境 [J]. 应用海洋学学报，2021，40（4）：669 -677.

[15] 叶翔，李靖，王爱军. 珠江口淇澳岛滨海湿地沉积环境演化及其对人类活动的响应 [J]. 海洋学报，2018，40（7）：11.